珞珈博雅文库
通识教材系列

中外建筑艺术十讲

主编 童乔慧 庞 辉

武汉大学出版社

图书在版编目(CIP)数据

中外建筑艺术十讲/童乔慧,庞辉主编.—武汉:武汉大学出版社,2024.9
(2024.12 重印)
珞珈博雅文库.通识教材系列
新时代大学美育创新系列教材/易栋主编
ISBN 978-7-307-24421-4

Ⅰ.中⋯　Ⅱ.①童⋯　②庞⋯　Ⅲ.建筑艺术—世界—高等学校—教
材　Ⅳ.TU-8

中国国家版本馆 CIP 数据核字(2024)第 109075 号

责任编辑:吴　琼　　责任校对:鄢春梅　　版式设计:韩闻锦

出版发行:**武汉大学出版社**　(430072　武昌　珞珈山)
　　　　　(电子邮箱:cbs22@ whu.edu.cn 网址:www.wdp.com.cn)
印刷:湖北金海印务有限公司
开本:787×1092　1/16　　印张:19.5　　字数:414 千字
版次:2024 年 9 月第 1 版　　2024 年 12 月第 2 次印刷
ISBN 978-7-307-24421-4　　　定价:79.00 元

作者简介

　　童乔慧，女，教授，博士生导师，东南大学建筑历史与理论博士，在导师刘先觉教授的带领下对西方建筑史的教学研究持续耕耘了20年，担任武汉大学通识课程"中外建筑艺术与环境美学""西方建筑与艺术"的负责人。曾在美国宾夕法尼亚大学、意大利米兰理工大学做访问学者。现任武汉历史文化名城保护委员会委员、湖北省文物保护工程从业资质人员，主持并参与多项实际历史建筑保护工程。曾获宝钢优秀教师奖、武汉大学珞珈青年学者称号。主持国家自然科学基金、澳门文化局课题，武汉市规划局等多项纵向课题，并获得省级以上奖项多项。

　　庞辉，1972年7月生，华中科技大学建筑与城市规划学院建筑学专业学士，武汉大学城市设计学院建筑设计及其理论专业硕士，武汉大学城市系统工程博士。现供职于武汉大学，主要从事传统建筑的发展研究，并承担相关的课程教学。在全国高等学校建筑学专业指导委员会组织的大学生建筑设计作业观摩和评选活动中，所指导的学生作业曾多次获评优秀作业，三度获评学院"教学十佳"。发表核心期刊论文6篇，发表EI检索论文2篇。在教学以外，曾参与清凉寨、江西乐平市老街区详细规划等项目的设计、参与了咸宁市城乡规划局主持的《咸宁村镇个人住宅图册》的编辑工作，主持十堰市武当路-白浪路村民安置工程景观环境分析研究等项目的设计研究。

新时代大学美育创新系列教材
编委会

主　编
易　栋

编　委(以姓氏拼音为序)
高智勇　洪杰文　裴　亮　苏德超
王杰泓　王文斌　易　栋

总　序

　　小而言之，教材是"课本"，是一课之本，是教学内容和教学方法的语言载体；大而言之，教材是国家意志的体现，是高校教学成果和科研成果的重要标志。一流大学要有一流的本科教育，也要有一流的教材体系。新形势下根据国家有关要求，为进一步加强和改进学校教材建设与管理，努力构建一流教材体系，武汉大学成立了教材建设工作领导小组、教材建设工作委员会，设立了教材建设中心，为学校教材建设工作提供了有力保障。一流教材体系要注重教材内容的经典性和时代性，还要注重教材的系列化和立体化。基于这一思路，学校计划按照学科专业教育、通识教育、创业教育等类别规划建设自成系列的教材。通识教育系列教材是学校大力推动通识教育教学工作的重要成果，其整体隶属于"珞珈博雅文库"，命名为"通识教材系列"。

　　在长期的办学实践和教学文化建设过程中，武汉大学形成了独具特色的融"五观"为一体的本科人才培养思想体系，即"人才培养为本，本科教育是根"的办学观；"以'成人'教育统领成才教育"的育人观；"厚基础、跨学科、鼓励创新和冒尖"的教学观；"激发教师教与学生学双重积极性"的动力观；"以学生发展为中心"的目的观。为深化本科教育改革，打造世界一流本科教育，武汉大学于2015年开展本科教育改革大讨论并形成《武汉大学关于深化本科教育改革的若干意见》《武汉大学关于进一步加强通识教育的实施意见》等文件，对优化通识教育顶层设计、理顺通识课程管理体制、提高通识教育课程质量、加强通识教育保障机制等方面提出明确要求。

早在 20 世纪八九十年代，武汉大学就有学者专门研究大学通识教育。进入 21 世纪，武汉大学于 2003 年明确提出"通专结合"，将原培养方案的"公共基础课"改为"通识教育课"，作为全国通识教育改革的先行者率先开创"武大通识 1.0"；2013 年，经过十年的建设，形成通识课程的七大板块共千门课程，是为"武大通识 2.0"；2016 年，在武汉大学本科教育改革大讨论的基础上，学校建立通识教育委员会及其工作组，成立通识教育中心，重启通识教育改革，以"何以成人，何以知天"为核心理念，以"人文社科经典导引"和"自然科学经典导引"两门基础通识必修课为课程主体，同时在通识课程、通识课堂、通识管理和通识文化四大层次全面创新通识教育，从而为在校本科生逾 3 万的综合性大学如何实现通识教育的品质提升和卓越教学探索了一条新的路径，是为"武大通识 3.0"。

当前，高校对大学生要有效"增负"，要提升大学生的学业挑战度，合理增加课程难度，拓展课程深度，扩大课程的可选择性，真正把"水课"转变成有深度、有难度、有挑战度的"金课"。那么通识课程如何脱"水"冶"金"？如何建设具有武汉大学特色的通识教育金课？这无疑要求我们必须从课程内容设计、教学方式改革、课程教材资源建设等方面着力。

一门好的通识课程应能对学生正确价值观的塑造、健全人格的养成、思维方式的拓展等发挥重要作用，而不应仅仅是传授学科知识点。我们在做课程设计的时候要认真思考"培养什么人、怎样培养人、为谁培养人"这一根本问题，从而切实推进课程思政建设。武汉大学学科门类丰富，教学资源齐全，这为我们跨学科组建教学团队，多维度进行探讨，设计更具前沿性和时代性的课程内容，提供了得天独厚的条件。

毋庸讳言，中学教育在高考指挥棒下偏向应试思维，过于看重课程考核成绩，往往忘记了"教书育人"的初心。那么，应如何改变这种现状？答案是：立德树人，脱"水"冶"金"。具体而言，通识教育要注重课程教学的过程管理，增加小班研讨、单元小测验、学习成果展示等鼓励学生投入学习的环节，而不再是单一地只看学生期末成绩。武汉大学的"两大导引"试行"8+8"的大班授课和小班研讨，经过三个学期的实践，取得了很好的成效，深受同学们欢迎。我们发现，小班研讨是一种非常有效的教学方式，能够帮助学生深度阅读、深度思考，增加学生课堂参与度，培养学生独立思考、理性判断、批判性思维和团队合作等多方面的能力。

课程教材资源建设是十分重要的。老师们精心编撰的系列教材，精心录制的在线开放课程视频，精心设计的各类题库，精心搜集整理的与课程相关的文献资料，等等，对于学生而言，都是精神大餐之中不可或缺的珍贵元素。在长期的教学实践中，老师们不断更新、完善课程教材资源，并且教会学生获取知识的能力，让学习不只停留于课堂，而是延续到课后，给学生课后的持续思考提供支撑和保障。

"武大通识 3.0"运行至今，武汉大学已形成一系列保障机制，鼓励教师更多地投入通识教育教学。学校对通识3.0课程设立了准入准出机制，建设期内每年组织一次课程考核工作，严格把控立项课程的建设质量；对两门基础通识课程实施助教制，每学期遴选培训研究生和青年教师担任助教，辅助大班授课、小班研讨环节的开展；对投身通识教育的教师给予最大支持，在"351人才计划"教学岗位、"教学业绩奖"等评选中专门设立通识教育教师名额，在职称晋升等方面也予以政策倾斜；对课程的课酬实行阶梯制，根据课程等级和教师考核结果发放授课课酬。

武汉大学打造多重通识教育活动，营造全校通识文化氛围。每月举行一期通识教育大讲堂，邀请海内外一流大学从事通识教育顶层设计的领袖型人物、知名教师、知名学者、杰出校友等来校为师生做专题报告；每学期组织一次通识教育研讨会，邀请全校通识课程主讲教师、主要管理人员参加，采取专家讲座与专题讨论相结合的方式，帮助提升教师的通识教育理念；不定期开展博雅沙龙、读书会、午餐会等互动式研讨活动，有针对性地选取主题，邀请专家报告并研讨交流。这些都是珍贵的教学资源，有助于我们多渠道了解通识教育前沿和通识文化真谛，不断提升通识教育的理论素养，进而持续改进通识课程。

武汉大学的校训有一个关键词：弘毅。"弘毅"语出《论语》："士不可以不弘毅，任重而道远。"对于"立德树人"的武大教师，对于"成人成才"的武大学子，对于"博雅弘毅，文明以止"的武大通识教育，皆为"任重而道远"。可以说，我们在通识教育改革道路上所走过的每一步，都将成为"教育强国，文化复兴"强有力的步伐。

"武大通识3.0"开启以来，我们精心筹备、陆续推出"珞珈博雅文库"大型通识教育丛书，涵盖"通识文化""通识教材""通识课堂"和"通识管理"四大系列。其中的"通识教材系列"已经推出"两大导引"，这次又推出核心和一般通识课程教材十余种，以后还将有更多优秀通识教材面世，使在校同学和其他读者"开卷有益"：拓展视野，启迪思想，融通古今，化成天下。

周叶中

绪　言

　　建筑艺术的发展是一条璀璨的星河，其辉煌成就在人类文明史上有着重要的地位，本书主要以历史发展作为脉络来呈现这条长河中的星星点点。纵观整个艺术发展史，建筑和绘画、雕塑是紧密相关的，绘画、雕塑中存在有建筑的影子，而建筑中又会有绘画和雕塑的映射或实体，它们之间有着密不可分的联系。由于建筑需要耗费大量的人力、物力，其风格的演变也不及绘画、雕塑那样快速，建筑史上发生的变革往往落后于绘画、雕塑等艺术形式。

　　人们对于历史的认知会随着年龄的增加而发生变化，建筑发展史中由于其夹杂着社会、政治、经济、文化等太多的因素，有太多未知的探索等待我们去发掘，这也是建筑史这个多面镜的魅力之所在。从某种意义上讲，尽管以前的建筑史更多呈现的是和统治阶级、贵族、宗教相关的建筑史，但是建筑艺术的发展方向也需要考虑普罗大众的需求，这是艺术美学的根基，也是建筑史存在和发展的必然之路。建筑历史的认知和书写是需要不断扩展的，只有更深刻地去了解历史上普通大众的建筑艺术的状况，才能更客观地接近历史事实。正如考古学家乔夫·安伯林（Geoff Emberling）在研究古埃及历史时所说，人们的注意力已经从精英阶层转向普通人民。虽然本书中所呈现的内容大多是历史上从属于权贵、宗教的建筑艺术，但是我们一直希望更多发掘普通民众的生活方式和建筑的相互作用和影响，这也必定是我们建筑学未来从事研究的方向。

　　任何一段历史中的建筑艺术，都是大浪淘沙留下来的瑰宝，需要我们存有敬畏之心。本书所呈现的内容大多数是学术界所认可的，也是本书作者非常喜爱的部分。当然，仅仅依靠短短的十讲不可能囊括中外建筑艺术的所有经典，我们所希望的是通过本书的内容，一方面尽可能更多样地呈现建筑艺术的多面性，另一方面通过中西建筑文化的比较可以更好地认知中国建筑艺术的特色。西方建筑艺术有很多流派，看上去每个流派都有自己独特的个性，具有明晰的辨识度。而中国建筑文化几千年来看上去有很强的传承特征。这也是"中外建筑史"教材体例的区别之所在，中国建筑史是按照建筑类型来讲述，而西方建筑史是按照时间线索来划分。

通过本书，希望大家对于中外建筑艺术有更多的认知和了解；透视人类对于建筑美学深层次的认知；唤起对于建筑哲学的理论思考；探索生态文明和建筑艺术的关系。人创造的物质环境和精神环境统称为文化环境，环境美学的重要载体即建筑。在新时代，生态文明建设被提高到前所未有的高度，生态美学反映着当代中国人与自然和谐共生的美学精神。生态文明问题主要是探究生态和人类之间的关系，这是人类命运共同体的关键所在。生态问题是一切事业的基础，我们要珍惜地球，建立宜居、利居、乐居的城市环境，必须创造正确生态价值观的建筑艺术，倡导有利于生态健康的生态审美观，构建更加符合我国国情和发展要求的环境美学理论体系，提高我们的理论思考，为建设美丽中国的伟大事业奉献自己的一生，这正是本书希冀达到的目标之所在。

目　录

第一讲

古埃及建筑艺术(上)

——凝视死亡和金字塔

古埃及文化对于死亡的理解是非常独特的。在古埃及人看来,死与生的界限并不是那么明晰,肉体的死亡并非生命的终结,而是追求重生的旅程的开始。这种凝视死亡、直面死亡的相对豁达的价值观直接影响到木乃伊的制作、《亡灵书》的书写、金字塔的建造等。木乃伊为重生提供了技术手段,《亡灵书》为重生提供了力量和指导,金字塔是古埃及法老复活的机器,是保证法老去往永生之地的重要工具。正因如此,我们看到了古埃及建筑与艺术文化独特的魅力和非凡的成就。

　　有人说古埃及文化已经死亡,今天的埃及已经被阿拉伯化了。其实,一个事物真正的死亡是这个世界已经无人再提及和铭记。当今世界各国都投入巨大的热情到古埃及文化的研究中,埃及学也成为一个独立的学科门类。由此可见,古埃及文化并没有像我们通常意义上说的已经死亡,它不仅没有死亡,反而仍然不断地被发现、被记载、被传承。

01
自然和文化背景

我们通常说人类最早有五个文明，分别是古埃及文明(约公元前4000年)、两河流域文明即美索不达米亚文明(约公元前4000年)、印度河流域文明(约公元前3000年)、爱琴海文明(约公元前2000年)，以及黄河流域文明(约公元前2000年)。可以看出人类最早的五个文明从地理条件来说大多离不开河流，也就是说文明的发生与发展需要以水为主要载体。同样，古埃及地域范围内有一条非常重要的河流，这就是尼罗河。尼罗河是埃及的命脉，尼罗河长约为6670千米，流域总面积占非洲总面积的百分之十。公元前450年，古希腊的历史学家希罗多德(Herodotus)就用"埃及是尼罗河的赠礼"一语道破两者之间的关系。尼罗河的定期泛滥产生了大量淤泥，使得尼罗河两岸的土地非常肥沃，为谷物生长提供了丰厚的土壤，孕育了古埃及的文明。同时尼罗河成为沿岸各居住地的人类迁移活动的重要交通流线，如我们今天社会中的高速路一样，尼罗河为古埃及建筑活动中大型建筑材料的搬移提供了便捷。可见尼罗河为古埃及发达的文明提供了非常重要的地理条件。

尼罗河从空中鸟瞰像一朵巨大的盛放的莲花，莲花盛开的部分是尼罗河下游的三角洲，尼罗河像是莲花下面的长长的茎。莲花的南边有一小块绿色的部分，这就是法尤姆三角洲。

一般来说，人们把尼罗河下游的孟菲斯以南的三角洲部分称为下埃及，尼罗河上游到尼罗河三角洲的部分称为上埃及。古埃及位于非洲的北部。通常上埃及的法老头上佩戴一个像棒槌一样的白色王冠，下埃及的法老头戴红色的卷曲的草纹样的王冠。当国王统一上下埃及的时候，国王就会佩戴红白双王冠(图1-1)。例如我们从纳尔迈石板中看到国王头戴双王冠，表示他是统一埃及的第一任法老。

古埃及是政教合一的国家，国王有时候也被尊称为法老。十九王朝之前，一般称为国王，之后称为法老。

上埃及王冠　　下埃及王冠　　全埃及王冠

图 1-1　古埃及国王王冠

古埃及的宗教信仰是多神教，主要有拉神(Ra，被看作白天的太阳)、阿蒙神(Amon，底比斯的主神，后成为国家的主神)、月神(Khonsu，阿蒙和姆特的儿子)等。古埃及人敬畏冥王奥雪里斯(Osiris，大地之神盖布与天神努特的儿子)，因为他们认为人死后灵魂永生，要在千年以后复活，过着比生前更好的生活，灵魂寄托在尸体当中。因此，古埃及统治阶级的建筑活动中，陵墓占有非常重要的地位。另外还有荷鲁斯神(Horus，法老的守护神)，他的眼表示太阳或是月亮，荷鲁斯之眼代表着幸福和治愈。古埃及的神还有阿努比斯(Anubis)，阿努比斯代表死神，护送灵魂通到另外一个世界，一般阿努比斯的表现是狼首人身。古埃及比较重要的神还有舒(空气之神)，泰芙努特(雨神)，他们两个生下了孩子，就是努特(天空女神)和盖布(大地男神)。努特生下的两个孩子，就是赛特(战争之神)和死者的守护神(奈芙蒂斯)。盖布生了两个孩子，即欧西里斯(冥神)和伊西丝(生育女神)。在古埃及的神话当中，如果两个神是兄妹，他们可以婚育生下自己的孩子。这也是古埃及的法老近亲结婚的原因，他们跟神是一样的。另外荷鲁斯(法老的守护神)和哈索尔(爱神、美神)同样都是欧西里斯和伊西丝生的孩子，他们生的四个儿子分别是依姆塞提、哈皮、杜瓦姆太夫、凯伯塞努夫(图1-2)。通常制作古埃及的法老的木乃伊的时候，祭司会把死人的内脏分别放在这四个神的外形做的罐子中，依姆塞提守护肝，哈皮守护肺，杜瓦姆太夫守护胃，凯伯塞努夫守护肠子(图1-3)。

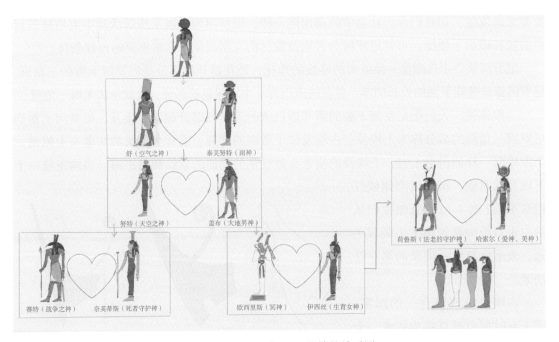

图1-2 古埃及比较重要的神的关系图

古埃及人认为人的一生不是一次单程旅行，死亡不是终结，生是为了死，死是重生的开始。人的灵魂离开身体是第一次死亡，第一次死亡以后灵魂可能会进入身体复活，也有可能不复活也就是第二次死亡，第二次死亡是最可怕的事情，是一切的终结。人死后灵魂会进入来世，在冥界开始一段旅程。现实世界中的人并不知道冥界是什么样子，如何战胜冥界沿途的恶魔并顺利到达芦苇境只有祭司知道。祭司会以文

图 1-3　放置木乃伊内脏的四个神形的罐子

配图的方式把冥界的种种情况和克服困难的机关写在纸莎草上，这就是我们通常说的亡灵书（Book of the Dead）。灵魂经过重重险阻的过程中，还需要准确呼唤出 42 位冥神的名字。祭司会在死者心脏附近放上圣甲虫，放置圣甲虫的主要目的就是准确告知木乃伊 42 位冥神的名字，这样他在称呼冥神的名字的时候就不会出错。灵魂经过重重艰难险阻到达马亚特（Maat）那里，马亚特会对灵魂进行审判，对心脏进行称重（图 1-4）。如果天平失衡，说明他是个罪孽深重的人，他就无法重生，也就是第二次死亡。如果天平两端平衡，说明他是个积德行善的人，那么他就可以获得第二次生命，在芦苇境的彼岸重生，也就是获得永生。

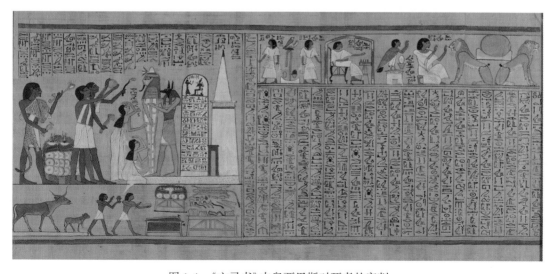

图 1-4　《亡灵书》中奥西里斯对死者的审判

图 1-5 王名圈

古埃及的文明程度非常发达，古埃及有象形文字，蝎子王的权标头是现存知道最早的象形文字。1822 年法国人商博良成功破译象形文字。在古埃及的绘画或雕刻中的象形文字周围如果有长椭圆形的圈圈，就是非常著名的王名圈，也就是法老名字的标志(图 1-5)。

对于古埃及历史最早的文字记载在托勒密王朝，古埃及祭司和历史学家曼涅托(Manetho)用希腊文写了一本三十卷的埃及历史书，被译为《埃及历史》或者《埃及史册》。这本《埃及历史》放在亚历山大图书馆，后因亚历山大图书馆被大火烧毁，这本史书只剩下残篇，被人称为曼涅托残篇。在曼涅托残篇中对古埃及历史划分为四个时期，后来的学者对古埃及历史的划分更加细致，分为前王朝、早王朝、古王朝、第一衰微期、中王朝、第二衰微期、新王朝、第三衰微期、复兴时期、后期以及希腊罗马统治时期等。

古埃及的建筑发展，我们可以大概依托曼涅托的划分分为四个时期。第一个阶段是王国前期和古王国时期，这是建筑的形成时期，主要以金字塔的形式呈现，金字塔是这个时期最主要的成就。第二个阶段就是十一至十七王朝的中王国时期，这个时期出现了崇拜太阳神的方尖碑，这个时期神庙的样式没有完全抛弃金字塔，神庙的顶部会有金字塔样式。第三个阶段是十八至三十王朝的新王国时期，这个时候新建了许多的神庙。最后一个阶段是晚期希腊化和罗马时期，建筑上反映出希腊的特点。

中国对于古埃及的研究相对深入。1985 年，东北师范大学建立了中国第一个世界古典文明史的研究所，并在我国最先设立了亚述学、埃及学、赫梯学及古典学学科，现已成为世界知名的古代历史、语言及考古学研究中心。1987 年，中国加入了国际埃及学家协会(IAE, International Association of Egyptologists)。

02

古埃及艺术

提及古埃及的建筑和艺术，我们头脑当中会浮现很多的画面，这些画面辨识度是很高的，因为我们头脑中的古埃及的建筑与艺术和其他地方有太多的不一样，这就是我们说的风格。古埃及建筑与艺术风格有自己独特的体系特征和发展脉络，它和古希腊、古罗马、拜占庭等有非常大的区别。古埃及风格影响一直持续到今天，有些动画片的创作也不得不说会受到古埃及艺术的影响，例如我们非常喜爱的动画片《小猪佩奇》里的卡通形象和古埃及的侧面像的表达方式有异曲同工之妙。

提起古埃及的文化和艺术，第一个不得不提的是纳尔迈石板（Palette of King Narmer，公元前 3000 年）（图 1-6），这个石板出土于埃及的希拉孔波利斯（Hierakonpolis）。石板高度在 60 厘米左右，现代考古学家都认为这个石板属于古埃及的国王纳尔迈，正是他开创了古埃及统一的时代，也是古埃及的第一王朝。纳尔迈石板从出土至今都没有离开过埃及境内，可见埃及人对它非常重视，这是埃及最珍贵的文物。纳尔迈之

图 1-6　纳尔迈石板

后的国王(法老)都会强调自己和纳尔迈的联系，以彰显自己统治地位的正统性。石板的正面和反面都刻画着一些人物，这些人物中体量最大的是国王。在古埃及的绘画或者雕刻中，一般人物越大就表明他的身份或者地位更为重要。所以巨型的雕像和巨型的壁画在古埃及艺术当中是非常重要的一种表达方式。古埃及人喜好用大尺度来表示事物的重要性。纳尔迈石板正面最大的人物当然就是国王，他手里拿着权杖做出击打的姿势，另外一只手揪着一个跪着的俘虏的头发。这种击打的姿势是非常传统的古埃及法老的姿势，后期很多的埃及法老在神庙的墙壁上都会雕刻这样的姿势来展现自己的雄姿。石板上的俘虏的上方有六个类似芦苇草的标识，上面有一只老鹰，老鹰手里拿着一根线，线连着一个人的鼻子。在国王的另外一边是一位拿着鞋子的提鞋官，这个人可能是国王的侍从，他应该是位次仅次于国王的人物。国王的下方有两个正在逃跑的人，可能意味着国王的敌人被纳尔迈的军队追着到处逃窜。

在石板的另外一面，我们可以看到同样地分成上中下三排，最上面一排中最大的人物依旧是国王。另外，石板这一面的国王的前方有几个人，他们手里举着高高的旗帜，每面旗帜上面都有不同的标志，可能代表国王征服的不同的城池。这几个人的另外一边有一群俘虏，俘虏的头被砍下来并放在两脚中间。石板的最上方正中间的位置雕刻着纳尔迈的名字。

我们可以看到石板两面的国王的头上的帽子是不一样的，正面的国王头上戴着一个像棒槌一样的帽子，反面的国王头上戴着一个有卷曲的草纹样的帽子，这表示了纳尔迈是统一古埃及全境的国王。

纳尔迈石板是最贵重的古埃及文物，这个石板主要做什么用途呢？它主要是用作眼影的调色，因为埃及气候炎热，在眼睛附近涂上眼影一方面可以防晒，另一方面可以防止蚊

虫叮咬。当然纳尔迈石板不是给普通人用的调色板，它是给神庙中巨型雕像作调色用。调色板中两个巨型长脖神兽缠绕的脖子中间形成的圆环就是调色的部位。因此纳尔迈石板是古埃及文化的重要见证，它不仅有具体的功能用途，而且石板上面的象形文字和符号成为古埃及历史文化的重要实证。

古埃及艺术中著名的作品有内巴蒙坟墓的花园壁画(The Garden, fresco from Nebamun tomb)(图1-7)，这是出土于埃及底比斯(Thebes)的一幅壁画，现藏于大英博物馆，它是公元前1380年左右绘成的。这幅绘画的中心是环绕水池的果园，这幅绘画的表现方式非常奇特也非常有趣。画面正中心的部分是一个方形的水池，按照一般意义上来说，水池是鸟瞰图的形式，也就是平面图。但是水池当中的芦苇草、鸭子还有鱼都是侧面的形式。所以这幅绘画有平面图的表达形式，也有侧面图的表达形式。这幅画的中心主题是池塘，池塘四周的树木的表达方式又是侧面的形式。右上角有一个采摘或者是在酿酒的人物，这个人物也是侧面像的表达形式。可见古埃及人对于他们的艺术表达和今天的透视有非常大的区别，它采用多种视图组合的形式。

图1-7　内巴蒙坟墓的花园壁画

内巴蒙坟墓壁画(Tomb-painting representing Nebamun)上的另外一幅作品名为捕禽者(图1-8)，这幅壁画反映的是人们在尼罗河两岸湿地劳作的场景。图里体量最大的人物一定是它的中心人物，旁边可能是他的妻子，下方可能是他的仆人或孩子。

图 1-8　捕禽者

　　古埃及壁画当中非常精美的一幅是住宅园林的展示（图 1-9）（Egyptian Garden, copy of a fresco from a tomb），这幅作品大概是新王国时期阿蒙霍特普三世时期的一位大臣的园林，也是最细致的平面与立面景观展示。壁画里面有平面形式的池塘，也有立面形式的树，每一棵立面形式的树都整整齐齐地排列着。园林的周边有立面形式的围墙，园林右边是主入口大门的立面形式。

　　在古埃及艺术的历史发展过程中，有一位非常重要的国王名为阿肯纳顿（Akenaten），他和妻子纳芙蒂蒂（Nefertiti）所在的时代我们称为阿玛尔纳时代，阿玛尔纳时代的艺术风格在古埃及艺术发展史上是一个特例。阿肯纳顿是古埃及的艺术发展史上非常重要的一个国王。我们看到古埃及出土的壁画和雕像中，阿玛尔纳时代的壁画和雕像和其他时期有较大的区别。例如我们看阿肯纳顿和他妻子的雕像，这幅雕像表现形式活泼，其中两个体量最大的人物是阿肯纳顿和纳芙蒂蒂，他们共同提倡以太阳神阿顿神为中心的原始一神论。这个雕像中的两个人物的造型非常生动，法老不再是传统的古埃及法老拿着权杖击打的姿势，法老和皇后相对而坐，他们的孩子坐在他们的肩膀和手上，表现了一个家庭的温馨气氛。壁画的中心位置有一个太阳，太阳象征着当时阿肯纳顿非常信奉的阿顿（Aten，阿顿神），阿顿神将阳光射入国王和王后的鼻孔中（图 1-10）。我们通过这幅雕像看出阿肯纳顿

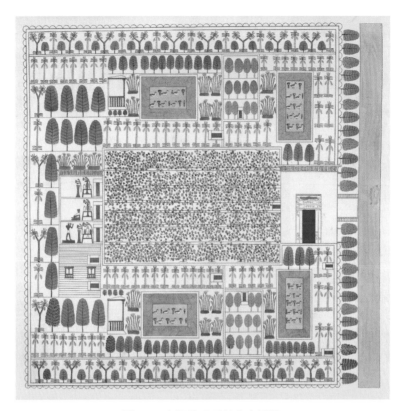

图 1-9 古埃及壁画的住宅园林

图 1-10 阿肯纳顿和他的妻子纳芙蒂蒂

和纳芙蒂蒂在艺术创作形式上突破了传统的古埃
及建筑和艺术形象表达，他们打破了传统古埃及
艺术的桎梏。

　　在开罗埃及博物馆，我们可以看到阿肯纳顿
的大型砂岩石雕像（图 1-11），阿肯纳顿双手交叉
呈现在胸前，这是古埃及法老的标准姿势，只有
法老才能使用这样的姿势。在柏林新博物馆馆藏
的阿肯纳顿的侧面像采用石灰岩材质，看得出来
他的脸相对于一般人而言特别的长。这种人脸的
艺术表达形式，一方面可能是因为古埃及的法老
近亲结婚导致法老的面相有些异于常人，另一方
面也体现了阿玛尔纳风格的艺术表达风格。

　　古埃及著名的女性有很多，例如哈特谢普苏
特（Hatshepsut）、纳芙蒂蒂（Nefertiti）、奈菲尔塔利
（Nefertari）、克利奥帕特拉七世（Cleopatra Ⅶ）等，
奈菲尔塔利是拉美西斯二世的王后，克利奥帕特
拉七世就是被人们广泛认知的埃及艳后。这些著
名的女性中纳芙蒂蒂的半身塑像非常著名，这个
艺术形象在全世界得到广泛的传播。这个半身塑
像的真迹现藏于柏林新博物馆，它是古埃及复制
最多的一个艺术品之一。人们经常会在网页上看

图 1-11　阿肯纳顿的砂岩石雕像

到这个雕像的右半边脸的图像，因为雕像的左边那个眼睛珠子已经没有了。

　　提到古埃及，人们头脑当中经常浮现的另外一个人物就是图坦卡蒙。英国人卡特 20
世纪初发掘了图坦卡蒙陵墓。图坦卡蒙是一个年纪很轻的法老，他死的时候才 19 岁。如
果从法老的政绩来看，他可能不如拉美西斯二世或者哈特谢普苏特等著名法老成绩斐然。
但是图坦卡蒙的名气并不输于拉美西斯二世等人，主要是因为当 1922 年卡特等人发掘图
坦卡蒙陵墓的时候，人们惊讶地发现这个年轻法老的陵墓保存得非常完整，甚至没有被盗
墓者光顾。他的陵墓当中发掘出了很多陪葬品，今天这些陪葬品占据了埃及博物馆的几乎
一整层，并且都是非常重要的馆藏品。可以想象如果其他的法老陵墓没有被盗墓者光顾，
那么这些法老的陪葬品数量将会非常惊人。

03
古王国时期的金字塔

世人怕时间，时间怕金字塔。金字塔是古王国时期兴盛的标志，更是第四王朝兴盛的标志。古王国时期最重要的建筑成就之一是金字塔，金字塔成为人们对于古埃及文化的普遍认知的形象代表。提到古埃及人们自然而然就会想到金字塔，这种简洁却又巨大震撼的建筑形象征服了全世界。

古埃及金字塔从第三王朝起开始建造，一直持续到中王国时期，多分布在下埃及孟菲斯附近，主要位于尼罗河的西岸。尼罗河西岸被认为是落日之地，与埃及神话中的亡灵国度有关。

大多数金字塔的表面都是抛光的、反高光的白色石灰石，远远望去非常明亮。我们看到的金字塔一般是一个方锥形的形状，为什么是这样的几何形式呢？方锥形样式的产生可能与古埃及的宗教信仰有关。埃及人认为地球诞生于"奔奔石"（Benben），奔奔石的形状就是方锥形（图 1-12），它被认为是原始水域升起来的山丘，创世神阿图姆（Atum）就定居

图 1-12　方锥形样式的奔奔石

于此。金字塔的形状也被认为象征着太阳落下的光线，象征了对太阳神的崇拜。金字塔被认为是国王复活的机器，是国王灵魂上升的阶梯，因此古王国时期可以举全国之力修建这样一座巨型建筑，国王的复活与再生对于当时整个社会是一件非常重要的事情，因此金字塔的建成具有一定的政治意义和宗教意义。

04
第一个石头造的金字塔

第一个用石头造的金字塔是昭塞尔金字塔（Pyramid of King Zoser）（图1-13）。昭塞尔是一个非常重要的国王，他是第三王朝的第二任国王。昭塞尔金字塔是一个六层的阶梯式的金字塔，它的建成离不开一个非常重要的人物，这就是历史上第一个留下姓名的建筑师伊姆贺特普（Imhotep）。伊姆贺特普出身于平民，他拥有很多个头衔，如祭司、作家、医生、药神、天文学家、建筑学的奠基人等，希腊人将他与医神阿斯克勒庇俄斯联系在一起。伊姆贺特普设计了祭司的礼仪进程，他掏出人的心脏做木乃伊，他给人治病的时候有特定的

图1-13　昭塞尔金字塔

姿势以增加病人的信心。同时，伊姆贺特普设计建成了古埃及历史上第一座金字塔，他还首次使用石柱来支撑建筑。所以伊姆贺特普这个人物在历史上非常重要，他被古埃及人当作神一样供奉。昭塞尔金字塔建造于公元前2686年到公元前2613年。昭塞尔金字塔是一组建筑群，金字塔只是其中的一个建筑，位于整个建筑群的正中心。整个建筑群由外面的一圈围墙及里面的神庙等建筑物组成。这组建筑群中较为重要的建筑物有南墓和礼拜堂、神庙、画廊等(图1-14)，金字塔前面的庭院中也有两个马蹄形的大石块，每年在这里都会举办节日庆典活动。

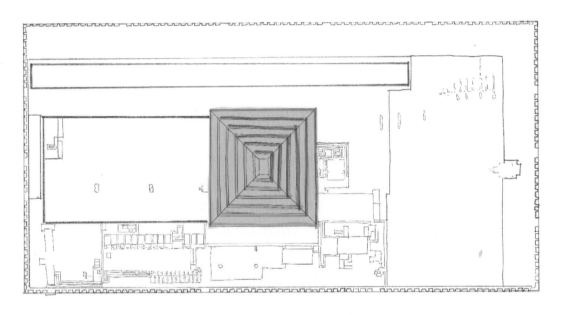

图1-14 昭塞尔金字塔总平面布局

昭塞尔金字塔并非一开始就是金字塔的形式，考古学家在对昭塞尔金字塔的发掘和研究中发现，这个建筑原始形式是一个马斯塔巴的样式，然后马斯塔巴向东扩展并建造了竖井，竖井的尽头是昭塞尔家族成员的陵墓。接下来用金字塔的形式将马斯塔巴层层包裹起来并形成四层金字塔，最后将金字塔向北、向西扩展，从四层金字塔扩展到六层金字塔，形成今天我们看到的昭塞尔金字塔的样式(图1-15)。

昭塞尔金字塔有很多创新之处，比如它不使用泥砖，而是第一次采用精心切割的石头作为建筑材料。另外，建筑群将太平间和相关仪式结合，丧葬仪式和"来世"建筑统一在一起。在此之前国王的陵墓和用于举行统治者相关仪式的建筑中间会隔着开阔的沙漠。昭塞尔金字塔和后期建造的金字塔建筑群布局也有不同，比如它的金字塔是位于建筑群的北侧，而后来的金字塔则位于建筑群的东侧。另外，昭塞尔金字塔建筑群中的轴线是南北

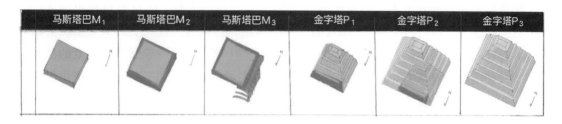

| 马斯塔巴M₁ | 马斯塔巴M₂ | 马斯塔巴M₃ | 金字塔P₁ | 金字塔P₂ | 金字塔P₃ |

图 1-15　昭塞尔金字塔演变

向，后来的金字塔建筑群则主要形成了东西向的轴线。

　　昭塞尔建筑群外围建有一圈壁龛围墙，壁龛围墙的建造形式很特别，人们沿着这一圈围墙行走很难找到它的入口，因为入口非常狭窄，是个只有一米宽、五米长的通道，通道是为了增强空间的私密性，是为了国王的灵魂（ka）在来世使用的。巨大的外墙由精美的白色石灰石砌成，装饰着壁龛和凹槽，模仿宫殿的外观，入口处柱廊有两排 20 根高 6 米的柱子。柱廊中采用石材木梁天花板，石柱看起来像成捆的芦苇，并可能被漆成绿色。在建筑群的早期阶段，这个柱廊并没有覆盖屋顶，今天我们看到的屋顶是后人添加的（图 1-16）。

图 1-16　昭塞尔金字塔入口的柱廊

　　昭塞尔金字塔的长方形南庭院中有一对形似双马蹄的大石，这对大石相距约45米。在节日期间这里会举行一个特殊的赫卜塞得节（Heb Sed）仪式，仪式上国王必须绕着这对大石奔跑以展示他的运动天赋和强大的统治能力。赫卜塞得节是一项重要而古老的皇家仪式，旨在让国王恢复活力并重申法老的统治权，其主要目的是为国王的卡（ka）提供场所来执行仪式，让他在来世重生。庭院的另外一侧有供奉着上埃及和下埃及神灵的虚拟小神堂，这些神堂建筑中有模仿真实世界中的门、铰链和枢轴的雕刻细节。昭塞尔金字塔建筑群的北庭院中有三根壁柱和纸莎草样式的柱头是我们辨析古埃及柱式文化非常重要的实证。

　　昭塞尔金字塔的地下墓室非常复杂。在金字塔一侧的地下部分开凿了11个竖井，这些竖井通过长长的画廊连接（图1-17）。金字塔的地下部分有总长将近5.5千米的迷宫般的隧道，其中央走廊有365米。走廊连接着一系列地下画廊的近400个房间，有部分地下室涂有蓝绿色的装饰，蓝绿色具有赋予生命的水和再生等象征意义。金字塔的正中心下方是一条边长7米、深28米通往一个中央竖井的方形通道，底部是由花岗岩雕刻而成的墓室，墓室的天花板上刻有五角星，寓意即使墓室被埋在石头中也对夜空"开放"。

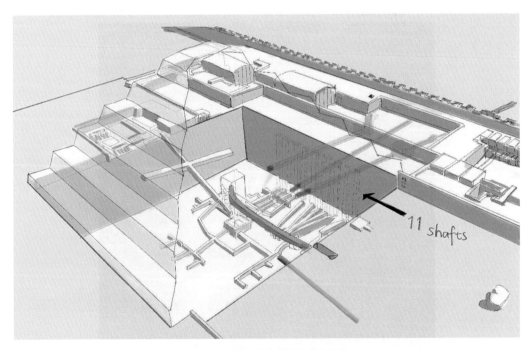

图1-17　昭塞尔金字塔地下墓室

05

金字塔建造达人

由于金字塔体量巨大，其建造耗尽了国家的大量财力物力，修建一座金字塔时间非常漫长，多数国王能够在位时修建一座金字塔以便死后复活就已经万幸。古埃及历史上唯一一位建造了四座金字塔的国王是斯尼夫鲁（Snefru），斯尼夫鲁是第四王朝的首位国王，他一生中修建了包括塞纳金字塔（Pyramid of Seila）、麦登金字塔（Pyramid of Meydum）、达舒尔金字塔（Bent Pyramid of Dahshur）以及红色金字塔（Red Pyramid）这四座金字塔。其中红色金字塔被认为斯尼夫鲁最后的安葬之地。

麦登金字塔大概建造于公元前 2600 年到公元前 2450 年（图 1-18）。麦登金字塔被认为是第一个真正意义上的金字塔。今天我们看到的麦登金字塔是三层金字塔的样式，据考古学家推测麦登金字塔是斯尼夫鲁在上一任法老修建的金字塔的基础上加建的，由于岁月和时间的侵蚀，外层部分被黄沙摧毁而显示出它的核心部分，也就是今天人们看到的三层金字塔的样式。麦登金字塔的国王墓室在地表之下。

图 1-18　麦登金字塔

　　斯尼夫鲁修建的达舒尔金字塔(Bent Pyramid of Dahshur)是古埃及仅存的表面光滑的金字塔(图1-19),其原始的抛光石灰石外壳基本完好无损,这个金字塔又被称为弯曲金字塔。达舒尔金字塔下半部分的倾角是54度,在47米以上改为43度,可能是因为建造者在建造过程中发现如果接着以54度的角度继续往上建造金字塔有可能出现坍塌,所以在47米以上达舒尔金字塔改为43度,这样就使得金字塔具有非常明显的"弯曲"的外观。

图1-19 达舒尔金字塔(弯曲金字塔)

　　红色金字塔(Red Pyramid)是斯尼夫鲁修建的最后一座金字塔(图1-20),也是一座真正意义上的金字塔,它是埃及现存的第三大金字塔。红色金字塔原本是被白色的石灰石包裹,在中世纪的时候许多白色石灰石被用于开罗的城市建设,因此金字塔表面被大量开采而露出下面的红色石灰石,因此被后人称为红色金字塔。

图1-20 红色金字塔

在达舒尔皇家墓地有三座距离很近的金字塔(图 1-21),即第四王朝的弯曲金字塔、红色金字塔以及第十二王朝的阿蒙涅姆赫特三世金字塔(Amenemhat Ⅲ pyramid)。

Bent Pyramid
第4王朝

Red Pyramid
第4王朝

Amenemhat III pyramid
第12王朝

图 1-21　达舒尔皇家墓地三座距离很近的金字塔

06
金字塔的演变

金字塔是如何形成的呢?是不是人们一开始就知道如何建造金字塔呢?其实不然,金字塔形式的建筑形式是逐步形成的,有一个漫长的演变过程。我们都知道,死人的房子和活人的房子一定有着密切联系,通常认为金字塔形式源自古埃及最开始的民居样式,即马斯塔巴(Mastabat)。马斯塔巴是阿拉伯文的音译,马斯塔巴在阿拉伯语中是长板凳的意思,因为它外观看上去像一个巨大的长凳。(图 1-22)。马斯塔巴的产生源自古埃及社会中的居住建筑形式,死者的归宿自然要模仿生者的居所样式。马斯塔巴可以追溯到法老阿哈时期(Pharaoh Aha),最初马斯塔巴是为了保护木乃伊的坟墓,上面覆盖着泥砖,两侧有围墙。最早的皇家陵墓装饰着色彩鲜艳的彩绘图案。通常马斯塔巴有垂直的竖井,竖井下面埋葬着国王的木乃伊(图 1-23)。

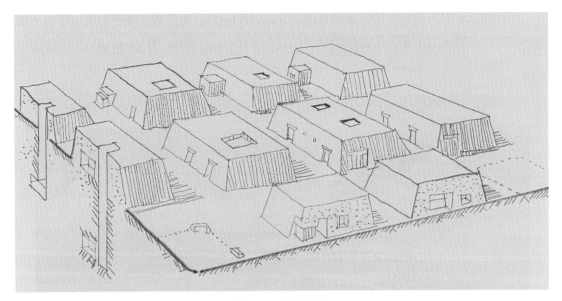

图 1-22 马斯塔巴

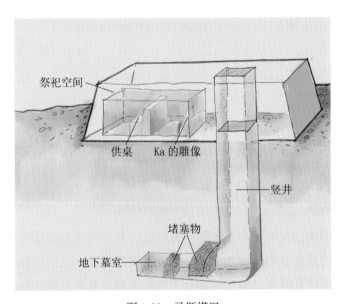

图 1-23 马斯塔巴

　　金字塔的演变主要分为五个阶段(图 1-24)。第一个阶段是马斯塔巴,也就是长方形的台形贵族墓。第二个阶段是阶梯形的昭塞尔金字塔,这是一个六层的金字塔样式。第三个阶段是麦登金字塔,它是三层的样式。第四个阶段是达舒尔金字塔,也就是弯曲金字塔。最后一个阶段是金字塔的高潮和成熟期,代表建筑有红色金字塔和我们今天非常熟悉的吉萨金字塔建筑群。

图 1-24　金字塔演变

吉萨金字塔建筑群中有著名的胡夫金字塔，胡夫金字塔不仅是现存世界上最高的金字塔，而且是唯一将国王墓室放在金字塔正中间的金字塔。大部分金字塔都是把墓室放在金字塔下部或者是与地面水平的位置。哈夫拉金字塔高度仅次于胡夫金字塔，再其次是红色金字塔。红色金字塔和吉萨金字塔群都属于真正意义上的金字塔。古王国后期的第五王朝、第六王朝，包括佩皮二世（Pepy Ⅱ）也修建了金字塔，但这些金字塔都已经坍塌并看不出完整的形状（图 1-25）。

图 1-25　佩皮二世金字塔

随着时间的推移，金字塔的建造技术也越来越先进和成熟。因此我们可以通过金字塔内部墓室的变化判断出它的年代顺序。麦登金字塔墓室最宽处为 2.51 米，红色金字塔内部墓室最宽为 4.18 米，弯曲金字塔内部最宽为 5.13 米。可见随着叠涩技术的进步，古埃及人可以建造越来越大的室内空间。随着历史的推移，墓室内部的加工材料也取得了一定的进步，建筑的室内越来越光滑、对称。

07
一些著名的金字塔

金字塔并不只存在于古王国时期，中王国时期的国王们也持续建造金字塔。世界上著名的古埃及的金字塔除了胡夫金字塔，还有雷吉德夫金字塔(Pyramid of Radjedef)、佩皮二世金字塔(Pyramid of Pepi Ⅱ)、第十二王朝的萨努雷特一世金字塔(Pyramid of Senusret Ⅰ)以及萨努雷特二世金字塔(Pyramid of Senusret Ⅱ)、阿蒙涅姆赫特三世金字塔等(图1-26)。其中萨努雷特一世金字塔的建造方式非常特别，把整个金字塔分成十几个形状规则

图 1-26　一些著名的金字塔

的小体块分别建造（图1-27），金字塔核心由一个从中心向金字塔的四个基点和四个角辐射的巨大墙壁系统组成，随着金字塔逐渐加高，墙壁尺寸逐渐减小。一层由石灰石制成的外骨骼覆盖了整个金字塔的结构。这种新的建造方法建成的金字塔其实也存在稳定性问题，但是当时用于建造金字塔的坡道的证据被完整而清晰地保留了下来。

阿蒙涅姆赫特三世金字塔（Pyramid of Amenemhat Ⅲ，Black Pyramid），也就是我们通常说的黑金字塔（图1-28）。它被称为"黑金字塔"是因为今天暴露在人们视线中的金字塔建筑是一座黑色的岩石废墟，金字塔的核心是用深色泥砖建造。阿蒙涅姆赫特三世金字塔没有尖尖的顶端，看起来和一般金字塔不太一样。

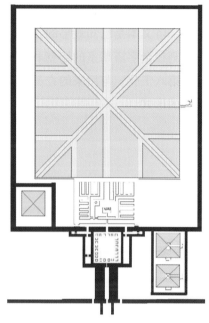

图1-27　萨努雷特一世金字塔

图1-28　黑金字塔

第五王朝的奈菲瑞卡雷金字塔（Neferirkare Pyramid）非常著名，是因为人们在这个金字塔墓葬建筑群的附近发现了古埃及最大的纸莎草文物（the Abusir Papyri）。第五王朝的几位国王选择在今天的阿布西尔村（Abusir）西北的沙漠地区建造了金字塔建筑群。

金字塔墓室中的文本(Pyramid Texts)是最古老的古埃及陪葬文本,可以追溯到古王国晚期。金字塔文本是已知最早的古埃及宗教文本语料库,一般用古埃及文字书写,金字塔文本一直刻在金字塔墓室的墙壁和石棺上,从第五王朝末期开始一直到古王国第六王朝,直至埃及第八王朝。与后来的亡灵书不同,金字塔文本仅供法老使用,而且不像亡灵书那样文配图的形式。

08

现存最多的金字塔

埃及境内现存金字塔有八十多座。但是金字塔现存最多的地方并不是埃及,而是在非洲的南部苏丹境内。苏丹现存的金字塔的数量是古埃及的两倍多,主要分布在麦罗埃(Meroe)地区。麦罗埃城遗址中有两百多座金字塔举世闻名,其中许多金字塔现已成废墟(图1-29)。麦罗埃的库什王国代表了位于尼罗河中游的一系列早期国家之一。麦罗埃金字塔的角度与古埃及金字塔不同,显得更为陡峭。而且金字塔的内核有沙杜夫(shaduf)这样

图1-29 麦罗埃城金字塔遗址

的装置(图 1-30)。麦罗埃金字塔的建造年代从公元前 350 年至公元前 300 年左右。库什王国曾经被古埃及征服,后又征服过古埃及,有趣的是这个国家对古埃及文化却有着最为忠实的传承。

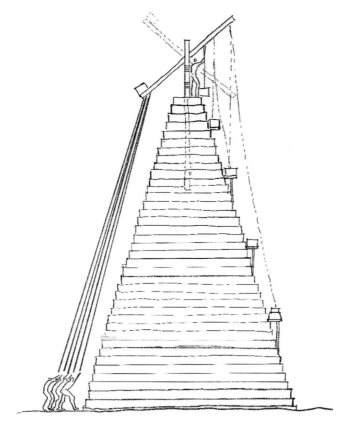

图 1-30　麦罗埃金字塔的内核沙杜夫

09

吉萨金字塔建筑群

吉萨金字塔是一组非常庞大的建筑群(图 1-31),包括三座大的金字塔、七座小型的金字塔、狮身人面像、墓葬城等。从空中鸟瞰整个金字塔建筑群,三座金字塔的对角线可以相连形成一条直线(图 1-32)。哈夫拉金字塔的东面有巨大的狮身人面像，以及狮身人面像的神庙(图 1-33)。胡夫金字塔是现存最著名、最高、最大的金字塔。

图 1-31　吉萨金字塔

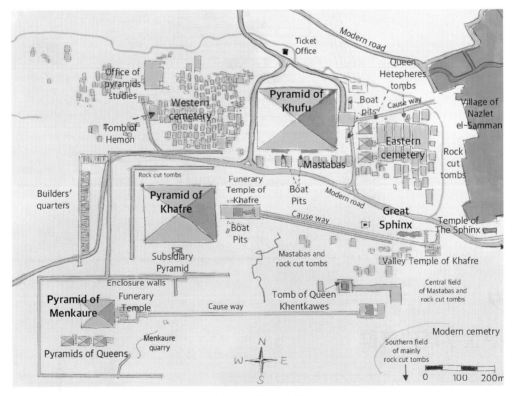

图 1-32　吉萨金字塔建筑群总体布局

图 1-33　狮身人面像

　　胡夫金字塔占地面积 5.3 万平方米，约等于 7.5 个足球场那么大。胡夫金字塔共由 250 万块巨石组成，高 146 米，每块石头重约 2.5 吨。金字塔是一个非常精确的正方锥体，形式极为单纯，底平面四个直角的误差只有 1 度的二十分之一。

　　胡夫是第四王朝的第二任国王，他拥有世界上最大的金字塔和最小的国王雕像。目前发现他遗留在世上的雕像仅一个存于开罗博物馆的 7.5 厘米高的象牙雕，因为雕像旁刻着胡夫的名字能确定这是胡夫本尊（图 1-34），这座仅存的雕像是 1903 年在尼罗河西岸的阿拜多斯（Abydos）发现的。哈夫拉金字塔（Pyramid of Khafre）的高度是 143.5 米，哈夫拉是第四王朝的第三任法老，是胡夫的儿子，也有人认为他是胡夫的弟弟。哈夫拉金字塔的顶部有一部分是白色石灰石，像在金字塔顶部戴了一顶白色的帽子，所以人们又叫它白帽子金字塔。哈夫拉金字塔的实际建筑高度比胡夫金字塔低 10 米，但它的地平比胡夫金字塔高，所以看上去比胡夫金字塔高。吉萨金字塔建筑群中第三大的金字塔是高 62 米的孟卡拉金字塔（Pyramid of Menkaure），孟卡拉是第四王朝的第四任法老。

图 1-34　开罗博物馆的胡夫象牙雕

人们对于吉萨金字塔建筑群有很多问题还存有一定的争议,特别是金字塔的施工和组织一直都是人们不断讨论的话题。古埃及人如何切割这些巨大的石块,又如何将这些巨大的石块从采石场运到金字塔呢?从一些古埃及的壁画当中人们可以大概推测出来古埃及人在运送这些巨大石块的过程中,会在石块的下端铺设滚轮并在滚轮下涂抹润滑剂,这样就使得运送过程更加顺畅(图1-35)。按照推测,以这种方式建造金字塔需要15~20年。也就是说,国王一登基时就要开始修建自己的陵墓。施工结束时在金字塔顶上放置最后一块石头后,还需要清理用于施工的土路,清理这些土路也需要好几年的时间。

图 1-35　古埃及人运送巨大石块

今天我们看到的游客进入胡夫金字塔的入口是在距离地面14米的高度,这并不是金字塔真正的入口,这个游客入口其实是当年盗墓者进入金字塔而开挖出来的。主入口进去后通过下行通道进入一个三岔路口,如果继续向上走经过上行走廊,就会到达高8.7米、长46米的"大画廊"。"大画廊"有一个非常重要的建筑特色,它将国王墓室上方石块的重量转移到金字塔的周围。胡夫金字塔内部的主要三个空间从上到下分别是国王墓室、王后墓室和地表之下的墓室,国王墓室和王后墓室各有两个通风管道通到室外(图1-36)。为了保证国王墓室的安全,国王墓室的建筑结构非常有特色,它的正上方有五个减压室,减压室上方有人字形的倾斜石块以避免屋顶正上方的石头压垮国王的墓室。五个减压室的底部

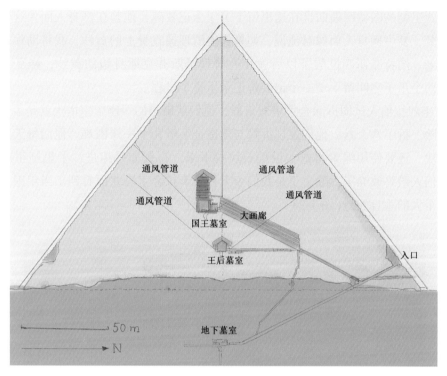

图 1-36　胡夫金字塔剖面

都很平坦，但是顶部的面比较粗糙（图 1-37）。1909
年考古学家进入胡夫金字塔的地下室几乎空空如
也，只发现了一个小白云石球、一个铜钩、有着约
五千年历史的木头碎片和一个空石棺。全球科学家
和考古学家一起继续探索胡夫金字塔的系列谜题，
由于人们无法拆除金字塔的所有石块探究其内部，
所以只能通过仪器扫描探测建筑内部。有研究表明
胡夫金字塔内部除了三个墓室之外还有巨大的空
间。未来对胡夫金字塔内部空间的探究随着科技的
发展会有新的发现。

图 1-37　胡夫金字塔的五个减压室
（图中红色部分）

　　哈夫拉金字塔的东面有一个巨大的狮身人面像
"斯芬克斯"（Great Sphinx），斯芬克斯是希腊人起
的名字。狮身人面像坐西朝东，现在学界多认为狮
身人面像的脸代表法老哈夫拉。狮身人面像是从地
块中的基岩上切割下来的，它从爪子到尾巴长 73 米，从底部到头顶高 20 米，后腰宽 19

米。第十八王朝的图特摩斯四世在这里留下了一个记梦碑,他曾在狮身人面像这里小憩并做了一个梦,梦中狮身人面像对他说,如果你能清理掉我身上的黄沙,我将助你成为成就卓越的法老。图特摩斯四世醒了以后就让人清理了斯芬克斯身边的黄沙,修复了斯芬克斯,并在两个爪子之间留下了一个记梦碑记录了整个过程。

1196 年阿拉伯人试图拆除金字塔建筑群,他们从最小的一座金字塔也就是孟卡拉金字塔开始拆除。拆了八个月,他们发现拆除与建造金字塔几乎一样困难。他们每天只能拆下一两块石块,还要使用绳索将这些巨型石块拉下来,石头如果掉进沙子里则很难再弄出来。阿拉伯人最终放弃了拆除,于是我们今天在孟卡拉金字塔北面看到了当年因为拆除而留下的一个大的垂直裂缝(图 1-38)。

图 1-38 孟卡拉金字塔当年拆除留下的裂缝

古埃及金字塔是古埃及宗教信仰和王权结合的产物。它是古埃及文明的象征,是古埃及人民智慧的结晶。金字塔是奴隶制度的产物,耗费了大量的国力,这也是古王朝走向衰落的主要原因之一。

第二讲

古埃及建筑艺术(下)

——崇拜与纪念

01
方尖碑

古王国时期古埃及建筑主要形式有方尖碑(图 2-1)。方尖碑的顶部是方锥体,四面都有雕刻,有的方尖碑表面还装饰有金箔。方尖碑的主要功能是服务于祭祀和仪典,宣扬法老的政治功绩。

图 2-1 方尖碑

古埃及现存有几十座方尖碑,另外有一些方尖碑散落在世界各地(表 2-1)。由于方尖碑由一整块完整的花岗岩雕刻而成,其体积和重量巨大,运输是非常艰巨的过程,但这并不妨碍人们将方尖碑从埃及运出的热情。现在位于罗马圣乔万尼广场的方尖碑原来位于卡纳克神庙(Temples of Karnak)。罗马圣彼得广场的方尖碑也是非常著名的古埃及的遗物,它原来是赫利奥波利斯方尖碑(Heliopolis),据说在这个方尖碑下有耶稣基督的某些遗物。巴黎协和广场的方尖碑原来位于卢克索神庙(Temples of Luxor),这个重达 250 吨的方尖碑从埃及运输到巴黎协和广场被认为是 19 世纪初伟大的工程成就(图 2-2)。1836 年 10 月 25 日,卢克索方尖碑在巴黎的协和广场竖立起来,当时全城有 20 万人目睹了整个进程。

表 2-1　一些位于埃及境外的方尖碑

原有地点	修建的法老	高度	现在的地点	现在的名称	备　注
卡纳克神庙（Temples of Karnak）	图特摩斯三世	32 米	罗马圣乔万尼广场	拉特兰方尖碑	意大利境内最高的方尖碑
赫利奥波利斯（Heliopolis）	不知名的法老	25.5 米	罗马圣彼得广场	梵蒂冈方尖碑（卡利古拉方尖碑）	有耶稣基督的某些遗物
卡纳克神庙（Temples of Karnak）	图特摩斯三世	18.5 米	君士坦丁堡	狄奥多西方尖碑	
卢克索神庙（Temples of Luxor）	拉美西斯二世	23 米	巴黎协和广场	卢克索方尖碑	
赫利奥波利斯（Heliopolis）	图特摩斯三世和拉美西斯二世	21 米	伦敦维多利亚堤岸	克里奥帕特拉针	
赫利奥波利斯（Heliopolis）	图特摩斯三世和拉美西斯二世	21 米	纽约中央公园	克里奥帕特拉针	

图 2-2　巴黎协和广场的卢克索方尖碑

图 2-3 伦敦的克里奥帕特拉方尖碑

现在位于伦敦和纽约中央公园的方尖碑都被称为克里奥帕特拉针(Cleopatra's Needle)。伦敦的克里奥帕特拉方尖碑位于伦敦西敏市的维多利亚堤岸(图 2-3),这座方尖碑由法老图特摩斯三世大约在公元前 1500 年建造,后来拉美西斯大帝将它移至亚历山大港,后被转移到伦敦。纽约中央公园的埃及方尖碑高 21 米,重约 220 吨。将这个方尖碑从亚历山大港搬到纽约的艰巨任务由美国海军完成。方尖碑从垂直变为水平的状态是非常艰难的,并存在很大的损坏风险。在方尖碑下面垫上圆形的炮弹,这样方便快速滚动方尖碑,方尖碑从检疫站移到纽约中央公园的安放处花费了 112 天。

在埃及尼罗河的上游阿斯旺(Aswan)有一个非常著名的未完成的方尖碑(Unfinished obelisk),它一直静静地横躺在采石场,它对于当代人了解古埃及方尖碑的相关制作工艺具有非常重要的作用(图 2-4)。古埃及人如何制作和运输方尖碑一直是历史学家争论不休的话题。未完成的方尖碑可能是由于在建造的过程中出现了裂缝,所以工匠们不得不放弃。今天我们看到这个方尖碑躺在地上,还未完全和周边花岗岩剥离开来,体积非常巨大。历史学家认为它是哈特谢普苏特时代修建的方尖碑。哈特谢普苏特时代建成的另外一个方尖碑在卡纳克神庙,据说方尖碑建成时表面覆满金箔。

古埃及在没有现代发达的科技条件下完成方尖碑的开凿、运输和建造是令人惊叹和折服的。通过对阿斯旺未完成方尖碑的考察,人们可以大概推断方尖碑的雕刻的过程如下:工人们先将一个完整的巨大的花岗岩石块从垂直的面进行开凿,再从最下面往里挖凿,使得方尖碑和花岗岩层剥离。在未完成的方尖碑的底部,我们还可以看到工人们当时开凿方尖碑的涡状痕迹(图 2-5)。开凿后工人们通过在方尖碑底部垫上滚轮将其缓慢运送到船只上,再通过尼罗河运到指定的建造地点。

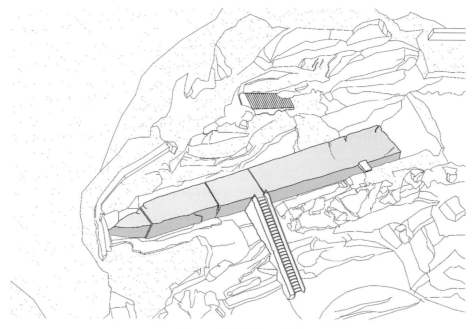

图 2-4　未完成的方尖碑

图 2-5　未完成的方尖碑开凿的涡状痕迹

02
尼罗河西岸的底比斯葬祭庙建筑群

　　中王国时期古埃及的首都从沙漠边沿的孟菲斯迁到上埃及的底比斯(Thebes)。底比斯峡谷窄狭,两侧是悬崖峭壁。国王仿效当地贵族,大多在山岩上凿石窟作为陵墓。曼都赫特普二世葬祭庙(Temple of Mentuhotep Ⅱ)是中王国时期最重要的庙宇,它和建于新王国时期的哈特什普苏庙(Temple of Hatshepsut)紧邻。在这两个葬祭庙中间还有一个小的图特摩斯三世葬祭庙(Temple of Tutmosis Ⅲ)。三座葬祭庙位于埃及的德巴哈里(Deir el-Bahri)山脚下,是由一系列葬祭庙建筑群共同组合而成(图2-6)。

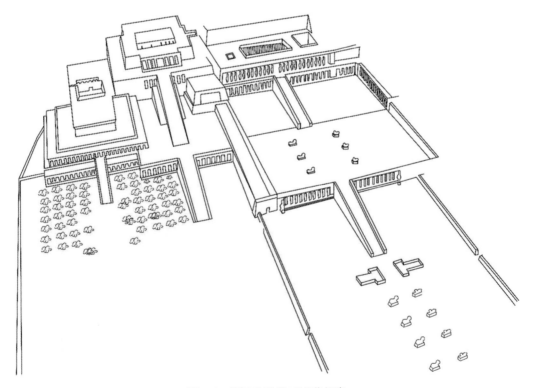

图2-6 德巴哈里的三座葬祭庙

　　德巴哈里山的另一面是著名的帝王谷(Valley of the Kings)。从帝王谷发掘出来有 64 个
法老的陵墓(图 2-7),从第十八王朝到二十王朝的很多法老都葬在这里(图 2-8),这些陵
墓深埋于地下(图 2-9、图 2-10)。19 世纪,法国的考古学家商博良破译了古埃及象形文
字,帝王谷成为盗墓者的天堂。在帝王谷,比较著名的陵墓有塞提一世的陵墓、图坦卡蒙
的陵墓(KV62)(图 2-11)。这些陵墓内部的壁画,布满了宫殿的墙壁和天花板,今天看依
旧栩栩如生,富丽堂皇,埃及干燥的气候为壁画提供了良好的保存条件(图 2-12)。从平面
形态可以看出,大部分的法老的陵墓是以规整的串串的平面形式进行组合(图 2-13)。哈特
谢普苏特的陵墓(KV20)是一个例外,这个陵墓的平面形式是弯曲的(图 2-14),哈特谢普
苏特是葬在帝王谷中的唯一的女性法老。

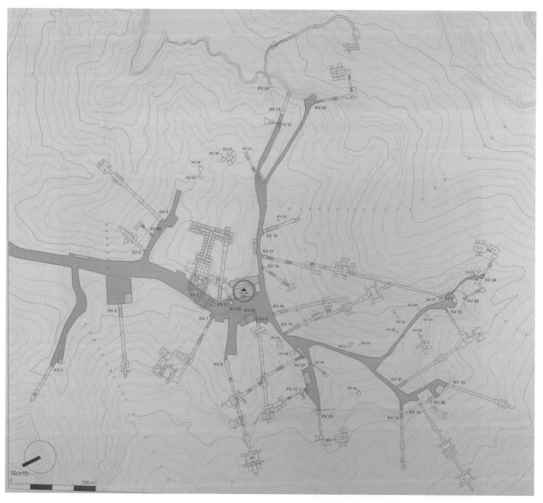

图 2-7　帝王谷发掘出来有 64 个法老的陵墓布局图

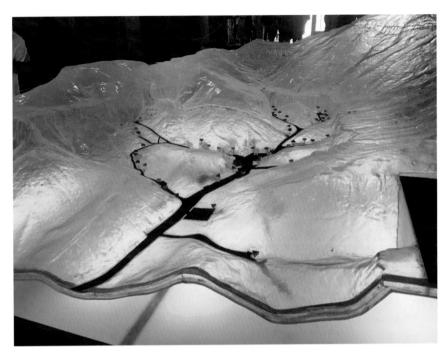

图 2-8 帝王谷法老的陵墓模型

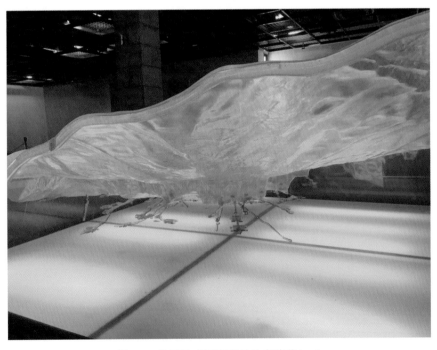

图 2-9 位于地表层以下的法老陵墓(一)

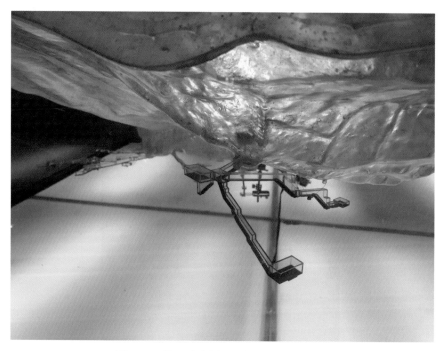

图 2-10 位于地表层以下的法老陵墓(二)

图 2-11 图坦卡蒙的陵墓(KV62)

图 2-12　帝王谷陵墓室内的壁画

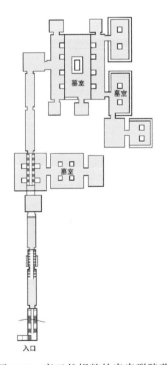

图 2-13　帝王谷规整的串串形陵墓

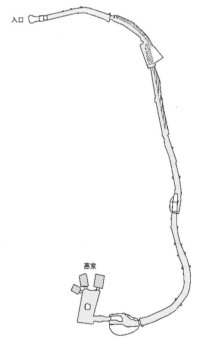

图 2-14　哈特谢普苏特的陵墓(KV20)

　　为什么法老们会选择德巴哈里这个地方来建造陵墓呢？德巴哈里自然的高耸的山体从外观上很像古埃及的金字塔的形状。另外，古王国时期建造巨大的金字塔耗费了大量的人力和物力，所以在中王国时期，国王慢慢放弃了金字塔这种陵墓建造形式，转而修建地下陵墓。

　　曼图霍特普二世葬祭庙、哈特谢普苏特葬祭庙和尼罗河对岸的卡纳克神庙、卢克索神庙一起构成一个祭祀体系。曼图霍特普二世是第十一王朝的第六任法老，曼图霍特普二世（Mentuhotep Ⅱ）名字"Mentu"原义是狄比斯战神，hotep 是开心满足的意思，合起来就是"战神很开心"的意思。在开罗埃及博物馆内的曼图霍特普二世彩绘砂岩坐像的姿势是标准的法老的双手交叉放在胸前的姿势。从第十一王朝开始，都灵王表记录了曼图霍特普二世在位 51 年。曼图霍特普二世削弱地方政权，采用中央集权，是一位非常有成就的古埃及法老。另外，在德巴哈里的勇士墓中，发现了 60 名亚麻布包裹而成的士兵的木乃伊，他们都是在战斗当中阵亡的。通过这些木乃伊的发掘，人们推断出这些木乃伊是曼图霍特普二世在和北方敌人的冲突中牺牲的一些战士，因此在这里为他们建造了一个英雄墓地。

　　曼图霍特普二世葬祭庙、图特摩斯三世葬祭庙、哈特谢普苏特葬祭庙这三座葬祭庙的轴线是平行的，都是采用垂直于山崖、面朝尼罗河的轴线布局方式（图 2-15）。曼图霍特普二世的葬祭庙被损毁得差不多了，只剩下很少的一部分，只有柱子的基础还保留着。人们根据历史资料文献以及考古情况，大概还原出了曼图霍特普二世葬祭庙原来的样子。曼图霍特普二世葬祭庙是在德巴哈里建造的第一个葬祭庙。进入墓穴的大门后，有一条两侧密排狮身人面像的石板路，长约 1200 米。接着建有一个大广场，广场的正中间两侧排着法老的雕像。由长长的坡道登上一层平台可以看到一排柱廊，平台的上方有一个尺度更小的平台，紧挨着它的两侧都有柱廊。在第二层平台的正中，人们推断可能会建有一个金字塔的形体，成为建筑的中心。陵墓的后部有一个院落，四周有柱廊环绕。轴线的末端是一座有 80 根柱子的大厅，通过大厅可以进入凿在山崖内的圣堂。

　　在这三座葬祭庙当中，哈特谢普苏特（Hatshepsut）的葬祭庙规模最大，也是保存相对最完好的。哈特谢普苏特是十八王朝的第五任法老，哈特谢普苏特名字的含义是高贵的女人，由于古埃及是一个男权社会，所以哈特谢普苏特戴假胡须，身着男装、束胸宽衣，手持权杖，威严无比。她非常热衷于建造纪念性建筑和雕像。今天，几乎全世界的藏有古埃及文物的博物馆中，都有哈特谢普苏特的雕像。埃及学家亨利·詹姆斯曾经称哈特谢普苏特为"我们所知的历史上第一位伟大的女性"。她是古埃及历史上一位非常伟大的法老，也是世界历史上一位伟大的女性统治者。随着史料的增多，人们对于哈特谢普苏特的认知也在发生着变化，她的形象慢慢转变得更为丰富和立体，她统治时期维持的长期和平为古埃及的经济和社会发展提供了重要支持。

　　哈特谢普苏特在位时修建了大量的方尖碑和神庙，比较著名的有未完成的方尖碑、卡纳克神庙中的第八道牌楼门、红色神堂等。她死后继位者图特摩斯三世对她的建筑、雕像

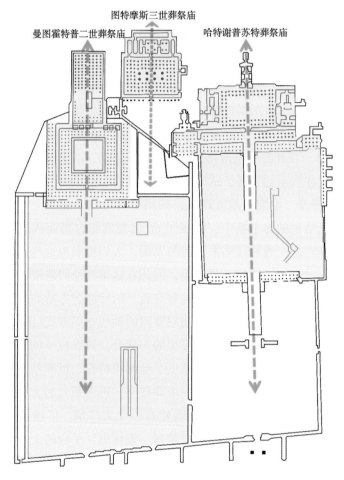

图 2-15 三座葬祭庙的轴线平行

进行了大量的破坏,因为破坏雕像在古埃及人看来可以制止人复活,这是一种非常致命的破坏。这种破坏只持续了两年的时间,阿蒙霍特普二世登上王位的时候停止了大部分的破坏工作。为什么继任者会铲除她的雕像?对于这个问题人们还没有统一的答案,疑问之一是铲除哈特谢普苏特雕像是在她退位后 20 年后才开始进行,疑问之二是这种破坏并不是彻底地清理干净其雕刻,有些关于哈特谢普苏特的文本仍然保留了下来。

哈特谢普苏特葬祭庙坐落在山谷盆地中,位于尼罗河西岸的山体悬崖的底部,建筑群被陡峭的悬崖包围,面朝尼罗河。哈特谢普苏特葬祭庙与尼罗河沿岸的卡纳克阿蒙神庙隔河相对,与哈特谢普苏特的帝王谷的陵墓背山而临。从外观形式上看,哈特谢普苏特的葬祭庙参考了曼图霍特普二世的葬祭庙的建筑样式,采用了开放式柱廊的结构形式并有所创新,建筑群和环境融为一体,蔚为壮观。神庙的外观和位置都和古埃及的第十一王朝相呼应,内部装饰却与第五王朝接近。

在哈特谢普苏特的很多建筑工程当中，这座葬祭庙是最为壮观的一个，它被称为"古埃及无与伦比的遗迹"。这座葬祭庙的主要功能是祭祀和礼仪，哈特谢普苏特的木乃伊保存在山背后的帝王谷。1961年，波兰的地中海考古中心对整个葬祭庙进行了细致的修缮保护工程，因此才有了我们今天看到的非常壮观的葬祭庙的形式。

哈特谢普苏特葬祭庙一共有三层露台。第一层露台是露天的庭院和柱廊，柱廊被中央坡道分为南北两侧，每侧各有11个双排石柱。南侧柱廊雕刻了古埃及南部的故事，北侧柱廊描绘了埃及北部的故事。第二层露台主要是强调了神和哈特谢普苏特的关系，露天的庭院、柱廊是它的主要特色。柱廊前面一排有奥西里斯（Osiris）雕像。第二层露台的南侧是哈索尔神殿，北侧是阿努比斯神殿。在哈索尔神殿当中雕刻了哈索尔哺育女皇小时候的场景，哈索尔神殿的柱头顶部是有皇冠的女性头部，侧面是牛角形状的螺旋形。哈索尔是古埃及神话中爱与美的女神，也是富裕之神、舞蹈女神和音乐之神，她是母亲和儿童的保护神。第三层是一个露天的庭院和柱廊，柱廊损毁严重，每一个柱廊外面都雕刻有女皇的立像，女皇穿着奥西里斯的服装。露天的庭院被柱廊环绕，南侧是图特摩斯一世的藏祭神殿，右边是太阳神拉的神殿，正中是阿蒙神殿。

哈特谢普苏特认为自己是阿蒙的女儿，因此她在二层柱廊南侧雕刻了她远征朋特国的场景，北侧雕刻了她神圣出身的故事。柱廊的第一个特点是比例和谐庄严而不沉重，方形柱子的高是柱宽的5倍，柱间距是柱宽的2倍。柱廊的第二个特点是每根柱子上面都有一尊穿着奥西里斯的服装的女皇立像，这种奥西里斯柱是法老特有的形式。哈特谢普苏特头戴上下埃及皇冠，一手握着生命之匙，一手握着权力之杖，双手交叉于胸前，戴着假胡须。

神庙建筑群轴线的端点是阿蒙神殿，哈特谢普苏特将最重要的神庙献给了他的父亲阿蒙神，她要将自己的成就和辉煌献给阿蒙神，并称其为"我父亲阿蒙神的花园"。

哈特谢普苏特葬祭庙非常壮观，建筑群的布局和艺术构思和中王国时期的曼图霍特普二世葬祭庙基本一致，但是规模更大、正面更加宽阔，同时它的轴线更长，并且多了一层平台。另外哈特谢普苏特葬祭庙彻底淘汰了金字塔的形式。这个葬祭庙是哈特谢普苏特利用建筑作为宣传其政治意图的一种方式，她建立属于自己的陵墓。哈特谢普苏特声称自己是阿蒙神的女儿，她通过宗教神话神圣化自己的出身，把自己和神紧密联系在一起，这样也使得女皇的统治合法化。同时，哈特谢普苏特葬祭庙内部的装饰和中王国时期的曼图霍特普二世葬祭庙的浮雕装饰相呼应，也表达了女王重振往昔古埃及荣耀和辉煌的良好愿望。

哈特谢普苏特是一位非常有成就的女性法老，她手下有一位非常重要的一位权臣森穆特（Senmut），人们发掘出了许多森穆特和他女儿的雕像。有一尊雕像表现为森穆特怀抱着小公主，非常安详和宁静。森穆特把自己的陵墓建造在可以俯瞰哈特谢普苏特葬祭庙的地理位置，因此许多考古学家有这样的想法，在现实世界中森穆特可能需要考虑种种限制因素，但是森穆特想在永恒的来世中尽可能靠近这位女皇。

03
卡宏城

卡宏城(Kahun，公元前 2000—前 1700 年)是因修建赛索斯特里斯二世(Senusert Ⅱ)金字塔而建造的一座城市。赛索斯特里斯二世是古埃及第十二王朝的一位法老(约公元前 1897—前 1879 年在位)，他在位时曾大规模修建水利工程。卡宏城城市中有卫城，城市被分为两个不均等的区域。西边部分长宽为 32 米×105 米，共 34000 平方米。东边部分是 88 米×105 米，共 97000 平方米。卡宏城城外有大约 6 米高、3 米厚的城墙。在卡宏城的城市当中，有纵横交错的街道布局，东西方向有 11 条 4 米宽的平行街道，城市中的街道横平竖直，主街宽 9 米，工人区的街巷宽 1.5 米，街道的中间有水渠用于排水(图 2-16)。在城市当中，东西向有六座规模比较大的建筑，这里居住着国王赛索斯特里斯二世金字塔的建造者、牧师、士兵、官员等。卡宏城的城市规划非常清楚地表明当时社会的两个阶层分别居住在不同的地区。西区的房子主要为工人阶级所用，东区主要是精英阶层的住宅。卡宏城的建筑布局基本上遵循一个设计模式，只不过随着社会阶级增加，它的面积逐渐增大，精英阶层的住宅面积是工人阶级的五十倍左右。目前在

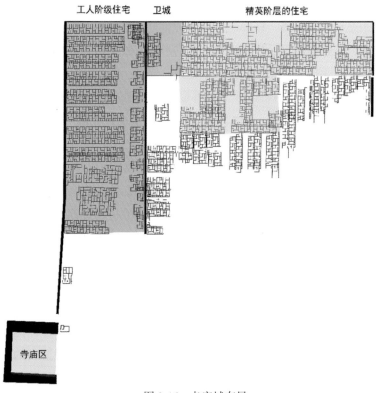

图 2-16 卡宏城布局

卡宏城遗址中还发掘出了例如储藏食物的粮仓、接待室等建筑。

04
尼罗河东岸的卡纳克和卢克索神庙

　　新王国时期法老和太阳神结合在一起，法老被称为太阳神的化身，这是适应专制制度的宗教形式，为此修建了规模极其庞大的太阳神庙。在新王国时期，法老们把巨大的财富和奴隶送给神庙祭司，祭司慢慢成为当地最富有、最有权势的奴隶主贵族。法老喜欢把自己的木乃伊葬在石窟里，神庙只是独立的纪念物。这些神庙中规模最大的最具有代表性的是位于尼罗河东岸的底比斯的卡纳克和卢克索神庙。卡纳克神庙在公元前 12 世纪拥有86486 名奴隶、100 万头牛、20 平方千米土地，卡纳克神庙中的阿蒙神庙是体量非常大的一组建筑，它的建设从中王国时期一直持续到古埃及晚期。

　　每年人们会举行宗教仪式，仪式从卡纳克神庙开始，沿着尼罗河东岸的道路把阿蒙的神像抬到卢克索，这个仪式被称为"阿蒙神"回宫。卡纳克神庙和卢克索神庙两个神庙的建筑群距离 1 千米(图 2-17)，祭祀道路的两侧密排圣公羊像(图 2-18)。

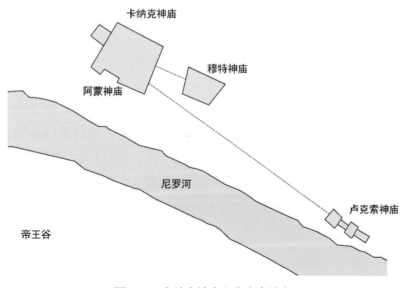

图 2-17　卡纳克神庙和卢克索神庙

图 2-18 祭祀路线两旁的圣公羊像

卡纳克神庙建筑群当中最主要的建筑有阿蒙神庙(The Great Temple of Amun)、孔斯神庙(Temple of Khons)和穆特神庙(Temple of Mut)(图 2-19)。其中穆特神庙有单独的围墙环绕,并且有一个月亮形状的湖沿着穆特神庙的周边布置。穆特在古埃及的神话当中与月亮有关,她是一位保护欲极强的母亲,她的形象是人和猫的合体。

卡纳克的阿蒙神庙始建于第十二王朝,总长 366 米,宽 110 米,东西方向一共有 6 道巨大的牌楼门。每一牌楼门的修建,都是法老给神的献礼。第一道牌楼门体量最大,高 43 米、宽 113 米。每当庆典的时候,法老走出牌楼门,太阳从两座梯形的石墙当中冉冉升起,戏剧性地形成了"法老和太阳神的合一"(图 2-20)。第一道牌楼门建造时间最晚,是公元前四世纪第三十王朝建立的。

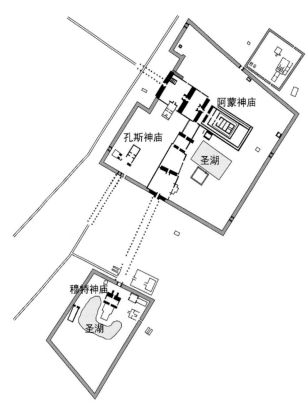

图 2-19 卡纳克神庙总体布局

图 2-20　卡纳克神庙牌楼门

在卡纳克神庙牌楼门的复原想象图上，它的表面布满了雕刻，有法老的雕像、旗帜和彩色的绘像等。在第二道牌楼门和第三道排楼门中间有著名的多柱厅，多柱厅内部有134根柱子，正中间的两排12根巨型石柱比其他柱子高一些（图2-21），这样可以形成侧高窗采光。正中间的两排石柱直径3.57米、高21米，其他的柱子直径2.71米、高12.8米，每根柱子都需要几个人合抱才能环住。多柱厅的柱间距小于柱径，营造了神秘和压抑的气氛（图2-22）。多柱厅顶部的石头大梁每块重达65吨，柱头样式为不同的纸莎草花样（图2-23）。这些巨柱直指天空，体量巨大，营造了一片石质的巨型森林，非常震撼人心（图2-24）。

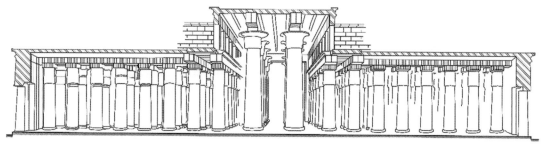

图 2-21　卡纳克神庙多柱厅剖透视

图 2-22 卡纳克神庙多柱厅(一)

图 2-23 卡纳克神庙多柱厅(二)

图 2-24 卡纳克神庙巨柱

卡纳克神庙建筑群中目前有两座方尖碑依然存在(图 2-25),在第四道牌楼门和第五道牌楼门之间的是哈特谢普苏特修建的方尖碑,第三道牌楼门和第四道牌楼门之间有一个 22 米高的方尖碑是第十八王朝第三任国王图特摩斯一世修建的。这两座方尖碑碑身有丰富的雕刻,都是由一整块石头雕刻而成(图 2-26)。图特摩斯三世在卡纳克神庙中竖立起的两座方尖碑,一座被搬到了罗马,也就是现在的拉特兰方尖碑;另外一座在公元 390 年被基督教罗马法老狄奥多西一世搬运到君士坦丁堡竞技场的神庙,现在被称为狄奥多西方尖碑。

图 2-25   卡纳克神庙现存的两座方尖碑

图 2-26   卡纳克神庙现存的方尖碑

卡纳克神庙当中的孔斯神庙和阿蒙神庙的形制非常接近，越往里走，空间净高越小（图 2-27），营造出非常压抑神秘的气氛（图 2-28），最里面是祭祀神庙（图 2-29）。

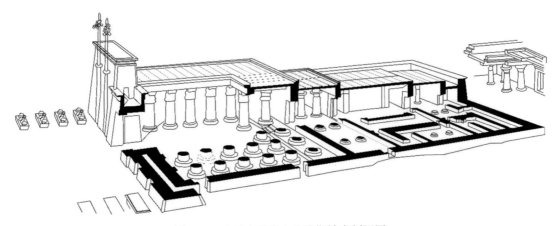

图 2-27 卡纳克神庙中的孔斯神庙剖视图

图 2-28 卡纳克神庙中的孔斯神庙剖面图

图 2-29 卡纳克神庙中的祭祀神庙

卢克索神庙和卡纳克神庙的形制基本一致，只是规模稍小。卢克索神庙大门（图 2-30）前竖立的方尖碑高 25 米，其中的一个方尖碑在 1819 年被搬到了巴黎。卢克索神庙的两进院子之间有 7 对 20 米高的巨柱（图 2-31），柱子的雕刻比卡纳克的阿蒙神庙的柱子雕刻更精致。

图 2-30　卢克索神庙入口牌楼门

图 2-31　卢克索神庙巨柱厅

卡纳克神庙是世界上最大的宗教建筑群。卡纳克和卢克索的神庙是古埃及建筑中非常重要的建筑遗址，它表明在建造过程当中，古埃及的建筑艺术已经从外部形象转到了内部空间，已经从金字塔、崖壁等外观上的雄伟转向到庙宇的内在神秘和压抑。这两座神庙都位于尼罗河的东岸。过去法老的葬祭庙一般都建造在西岸，法老崇拜和太阳神崇拜结合以后，就摆脱了葬祭庙的传统，在东岸建造神庙。同时，卡纳克的阿蒙神庙和尼罗河对岸的哈特谢普苏特神庙的轴线相统一（图2-32），形成共同的宗教庆典仪式场所。

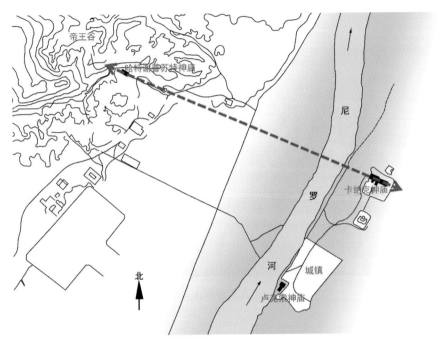

图 2-32　卡纳克神庙和哈特谢普苏特神庙的轴线关系

05

阿布·辛拜勒神庙

古埃及征服了南部的努比亚后，新王国时期的法老拉美西斯二世为了庆祝登位34周年，在尼罗河的上游建造了巨大的阿布·辛拜勒神庙（Abu Sim Temple）（图2-33）。阿布·辛拜勒神庙是拉美西斯二世最伟大的作品，是名副其实的古代建筑瑰宝。阿布·辛拜勒神庙建成耗时约20年，开凿在尼罗河一个拐弯的悬崖处，神庙的正面朝向尼罗河的主航道（图2-34），强化了它的表现力，也体现了法老的尊严。阿布·辛拜勒神庙后被黄沙掩埋，1813年一个叫阿布·辛拜勒的小孩带领欧洲人发现了这座神庙，因此而得名。

图 2-33　阿布·辛拜勒神庙

图 2-34　从阿布·辛拜勒神庙入口远眺尼罗河

　　拉美西斯二世被誉为"神之子"，他活了 91 岁。他比古埃及的任何一位法老都热衷于大修土木，他下令修建了大量建筑。他修复了一些建筑后还把前任法老的名字铲除，刻上自己的名字。公元前 1258 年，拉美西斯二世签订的赫梯合约被认为是历史上第一个著名的国际协定。1974 年拉美西斯二世的木乃伊被发现有真菌滋生，所以埃及政府将他的木乃伊送往法国修复，并且还为此给其木乃伊发了一本国民护照，以盛大的军礼替他举行出国仪式。法国人在巴黎的勒布尔热机场以元首的待遇隆重欢迎他。木乃伊修复好后又被送回埃及。

　　和阿布·辛拜勒神庙相关的最著名的历史事件是它曾经因为阿斯旺水坝的修建而面临被淹没的风险，因此建筑整体被搬离到距原来旧址高 65 米、距河流 200 米的新位置。迁移工程是 1964 年春天开始，1968 年 9 月完成。当时最棘手的问题就是把整个阿布·辛拜勒神庙和山体悬崖分开。因为神庙不仅有外部可见的立面，还有很多镶嵌在山崖里的房间，房间内还有很多象形文字的雕刻和壁画，这些必须原封不动地搬迁到新址。阿布·辛拜勒神庙被切割成 807 个大块，切口的宽度超过 8 毫米，在重新组装的时候还可以看到这些切口的痕迹。大约 500 名工人夜以继日地完成了切割的工作。切割以后，每个切块都做好编号，并涂上涂层防止它在运输过程中被破坏。阿布·辛拜勒神庙的所有切块就像七巧板一样被小心地运送到新家并重新组装。为了还原阿布·辛拜勒神庙的周边环境，人们花了一年的时间重新建造了一个人工山丘支撑神庙，人工山丘由一个圆顶结构组成，上面堆满巨石和岩石(图 2-35)。

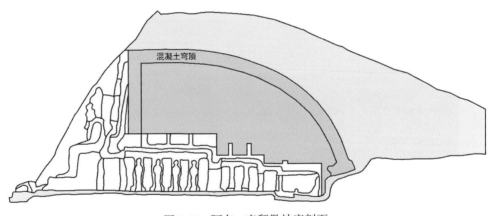

图 2-35　阿布·辛拜勒神庙剖面

　　整个阿布·辛拜勒神庙是一个有轴线的建筑群，外立面是 4 尊巨大的拉美西斯雕像(图 2-36)。通过入口的过道来到前厅，前厅内布置了 4 对方柱，每个柱子前面都有一个 9 米高的拉美西斯二世雕像。前厅的两侧有 6 个横向布置的狭长的客厅，再往里走就到后厅，后厅的内部有 4 根方柱(图 2-37)。所有的墙面和天花都布满了彩色浮雕(图 2-38、图 2-39、图 2-40)，有的损毁比较严重。接下来往里走是圣堂，圣堂内有四尊雕像，中间是法老的雕像(图 2-41)。每年拉美西斯二世出生和登基的这两个日子，初升太阳的第一道光线就正好照射到圣堂中间的法老身上，体现了古埃及文化中对于天文学和建筑学的结合。

图 2-36 阿布·辛拜勒神庙入口的四尊巨型雕像

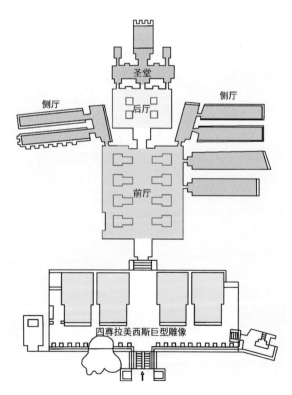

图 2-37 阿布·辛拜勒神庙平面

图 2-38 阿布·辛拜勒神庙内的壁画(一)

图 2-39 阿布·辛拜勒神庙内的壁画(二)

图 2-40 阿布·辛拜勒神庙内的壁画(三)

图 2-41 阿布·辛拜勒神庙圣堂里的四尊雕像

阿布·辛拜勒神庙的旁边还有奈菲尔塔莉(Nefertari)王后的神庙,神庙前皇后的雕像尺度和法老的尺度相近,并且戴有象征权贵的胡子。阿布·辛拜勒神庙是采用在岩壁做减法的形式建设而成,这种做减法的石窟庙其实不仅仅在古埃及,在中国云冈石窟也可以看到这种向内做减法的建筑形式(图2-42)。

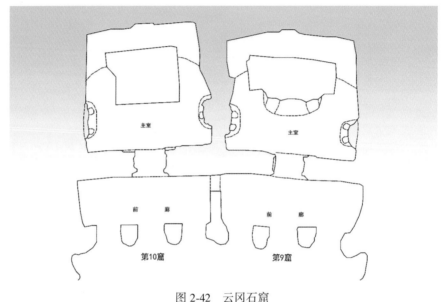

图 2-42 云冈石窟

06

希腊化时期的神庙

托勒密王朝(Ptolemy Dynasty)时期在非洲的北部建立了著名的亚历山大城(Alxanderia)作为首都,城市的建设受地中海沿岸的希腊影响很大。公元前30年的埃及并入罗马帝国的版图,因此希腊化时期以及晚期古埃及的建筑具有希腊和罗马的风格。

爱德府霍鲁庙坐落在尼罗河西岸,距离卢克索大概115千米(图2-43)。在爱德府霍鲁庙的入口有著名的霍鲁斯神鹰的雕像。爱德府霍鲁庙的牌楼门是现今保存最为完整的古埃及牌楼门,上面有埃及法老的雕刻(图2-44)。牌楼门的样式是一对高大的梯形石墙夹着门道,牌楼门上有法老的击打姿势的雕像，这与前文提到的纳尔迈石板上古埃及国王的姿势很接近。同时法老戴着象征着上下埃及统一的双王冠，代表埃及全境在鹰神的保护下非常安全。

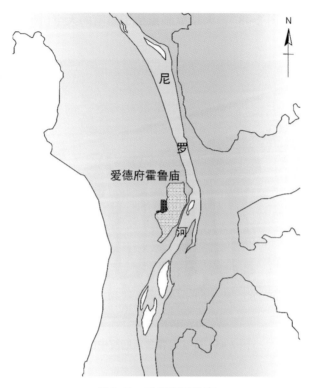

图 2-43　爱德府霍鲁庙

图 2-44　爱德府霍鲁庙牌楼门

　　爱德府霍鲁庙的内部有柱廊围绕的庭院(图 2-45),并布置了大大小小的封闭空间(图 2-46),越往里走室内地坪越高,天花板越低,空间越封闭,这使得建筑的内部空间越来越阴暗,形成威严神秘的宗教气氛(图 2-47)。多柱厅的地板和柱子上雕刻了代表海洋、纸莎草和莲花茎等的装饰(图 2-48),天顶壁画象征了黑暗的天空(图 2-49)。

图 2-45　爱德府霍鲁庙庭院中的柱子

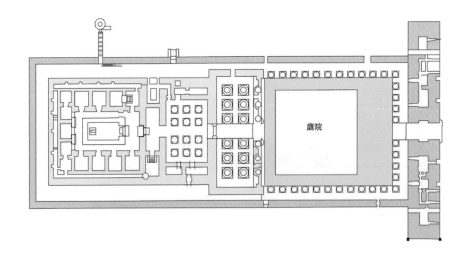

庭院

图 2-46　爱德府霍鲁庙平面

图 2-47　爱德府霍鲁庙剖面

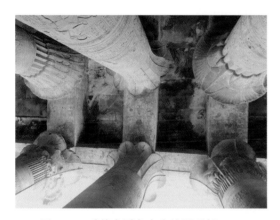

图 2-48　爱德府霍鲁庙多柱厅顶部(一)

图 2-49　爱德府霍鲁庙多柱厅顶部(二)

爱德府霍鲁庙里有献给荷鲁斯神的丧葬圣船,圣船在古埃及的葬礼和宗教领域当中是非常重要的物件,圣船一般是新月形,带有一个钩形的船尾(图 2-50)。古埃及的文化发展主要依赖尼罗河,所以船成为众神和神圣领域的非常重要的物品,人们相信只要有了船就可以顺利安全到达冥界。

位于尼罗河上游的伊西斯神庙原本坐落于一座小岛上,后来

图 2-50　爱德府霍鲁庙的丧葬圣船

因为阿斯旺水坝的修建迁到了另一座岛上。伊西斯神庙是最晚具有古埃及风格的建筑实例（图2-51）。伊西斯是奥西里斯的妻子，和奥西里斯生下了荷鲁斯，所以伊西斯被认为是生命、魔法、婚姻和生育女神。因为伊西斯神庙建造时古埃及被罗马征服，所以神庙里面出现了图拉真等古罗马帝王的雕像。伊西斯神庙的柱头样式雕刻非常精美。

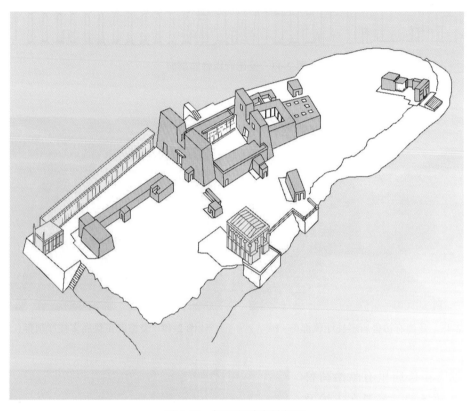

图2-51 伊西斯神庙轴侧图

位于底比斯下游的丹德拉霍鲁庙中的哈索尔神殿是古埃及保存最完好、最美丽的古代神殿。这座宏伟建筑的建造过程一直持续到图拉真统治时期。哈索尔神殿的正前方有六根哈索尔形象的柱头样式，同时旁边也有一个小型建筑，是图拉真和奥勒留统治时期的建筑，因此可以看到大量图拉真向埃及神灵献祭的浮雕。

07
小　结

　　从古王国、中王国、新王国一直到晚期，古埃及建筑和艺术风格具有非常完整的发展进程。金字塔多建造在古王国时期，一般都建造在尼罗河的西岸。中王国时期主要以修建神庙为主，比较具有代表性的是蒙图霍特普二世葬祭庙。中王国、新王国时期主要的一些建筑集中在尼罗河底比斯一带。新王国时期修建的哈特谢普苏特葬祭庙是建筑和自然环境融合的典范，另外卡纳克神庙、卢克索神庙、阿布·辛拜勒神庙等建筑成就都非常高。这些建筑布置在尼罗河沿岸，它们对于古埃及建筑艺术形象的系统性和完整性都起到了重要的传承作用。

　　古埃及是人类文明的摇篮之一，雄伟的金字塔、巨大的神庙是古埃及最突出的成就，庞大的形体和纪念性的形象令人唏嘘不已。古埃及人喜欢用体量巨大的建筑和雕像代表其地位的崇高和表达纪念。古埃及建筑艺术造型上雄伟端庄，外墙上的巨型浮雕和室内的雕刻装饰都有着完整统一的型制和发展脉络，在人类文明的进程中留下了浓墨重彩的一笔。

古希腊建筑艺术(上)

——美的王国

古希腊文化是古代世界文化史上光辉灿烂的一页，是古典文化的先驱，是西方文明的发源地。古希腊位于巴尔干半岛的最南端，以地小山多、海岸曲折、岛屿密布为主要地理特征，这样的地理特征是形成古希腊城邦制国家集合的因素之一。独特的地理优势使得古希腊文化具有多样和独特的特点。古希腊是一个追求浪漫唯美的民族，他们在建筑艺术上创造的生生不息的文化持续滋养着西方文明。

隶属于地中海的爱琴海是古希腊非常重要的海域。在气候上，希腊属于亚热带国家。海洋性气候使得它的平均温差不超过 17 度，非常适于户外生活。所以希腊人非常热爱户外运动，因此体育建筑得到很大的发展。古希腊建筑中最主要的特色就是追求美，特别在追求建筑的外立面的美的道路上做到了极致。这和他们的气候、地理、文化等方面都有非常密切的关系。

古希腊的历史大概可以分为两个阶段，即上古时期和希腊本土化时期。上古时期又被称为爱琴时期，爱琴文化从地域上又可以分为克里特岛和迈锡尼。克里特岛是坐落在地中海中部的岛屿，迈锡尼是位于希腊半岛也就是伯罗奔尼撒半岛东北角的一个城邦。我们通常说的古希腊文化实际上是指的希腊本土化时期。

01
克里特岛建筑

　　爱琴文明的第一个阶段被称为克里特(Crete)文明，克里特岛是位于东地中海中央的一个长条形状的岛屿。克里特岛东边可以到达小亚细亚，和两河流域文明接触，南边受到非洲的古埃及文化的影响，克里特岛被称为"希腊文明的摇篮""欧洲文明起源地"。克里特文明的关键词有自由、海盗和不设防。这个岛屿和外界的距离很近，受到古埃及和两河流域文明的影响，但又有大海将它和其他的文明相隔，所以古希腊人可以无忧无虑地表现自己的个性。克里特岛上的人喜欢在日用器皿和墙面描绘出对自然的认识，例如花、鸟、海贝等。古代作家把克里特岛描述为伟大、富有的岛屿。

　　在古希腊，游吟诗人荷马是西方文学最早的奠基者，他通过游吟传唱的方式形成的荷马史诗中有来源于克里特岛上的米诺斯文明的故事，据说克里特岛上有90多个城市，最多的时候居民有8万多人。克诺索斯位于克里特岛的地理位置的中心，同时也是克里特岛的政治经济文化中心(图3-1)。

图 3-1　地中海中的克里特岛

荷马史诗中迷宫的传说广为人知。据说每隔七年雅典人要向怪物神牛弥诺陶洛斯(Minotaur)献上七个小伙子和七个姑娘作为祭品。怪物神牛弥诺陶洛斯居住在迷宫当中,后来有个英雄叫忒修斯(Theseus)主动请缨去同怪物作战,同时由于他受到了米诺斯国王的女儿阿里阿德涅(Ariadne)的帮助。阿里阿德涅给了弥诺陶洛斯一个红线团。弥诺陶洛斯顺利地打败了神牛,手拿着红线团从迷宫当中走了出来。

古希腊的神话是这样描述的,但是事实上是否真的存在这样一个迷宫呢?很多人认为迷宫并不存在。但英国的考古学家伊文思(Arthur Evans,公元1851—1941年)认为这个迷宫的神话也许就是真的,所以他不断地去寻找和发掘迷宫之所在。一天他散步时无意当中发现一个小山丘,他凭直觉认为山丘下面会藏着一些古迹,于是他带领手下开始向下发掘,直至发现了米诺斯王宫—克诺索斯宫殿(Knossos Palace)(图3-2)。

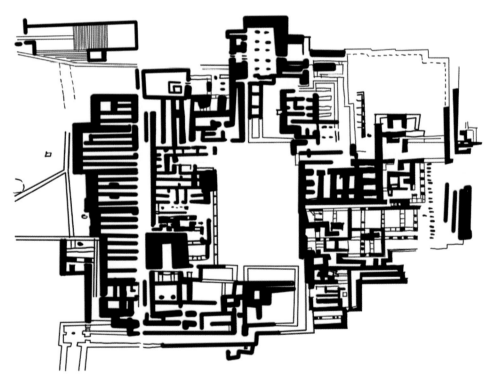

图 3-2　克诺索斯宫殿

克诺索斯宫殿是克里特岛上最古老久远、最宏伟壮观的米诺斯文明遗迹,是世界上保存最完整的古代宫殿。宫殿的规模非常宏大,有一千多间宫室,据说最高的建筑有五层。建筑群结构复杂,还有很多仓库和手工业作坊,排水系统也设置得非常巧妙。在宫殿当中有一些颜色鲜艳、保存完好的壁画,如形态上比较接近埃及人的百合花王子(Prince of the

Lilies），被称为"巴黎女郎"的壁画，斗牛表演以及海豚等，这些壁画也是米诺斯文明和其他文明的交融的实证。

克诺索斯宫殿中有两个非常重要的建筑单体。一个是"御座之室"（Throne Room），这是一个长方形的房间，里面有一个石制的宝座，宝座的靠背是用雪花石膏制成，宝座下面有一个长方形的台基（图3-3）。宝座的两边有卷叶式的凸雕，红色的墙上画有趴着的鹰头狮身蛇尾的怪兽；另外一个是"大阶梯"（the Grand Staircase），这是通往东面王室的唯一的通道，"大阶梯"有米诺斯王宫特色的柱式，米诺斯王宫中有很多类似的柱式，这种柱式和古埃及柱式在形式上区别很大，主要的不同点在于它的色彩以及上粗下细的样式（图3-4）。伊文思为了不让大阶梯垮塌，就用钢筋水泥加固，后人认为他的这种做法对文物古迹有一定破坏。有考古学家对此处建筑遗址的功能提出质疑，认为这里不一定是王宫，因为很多房间阴暗潮湿，也没有设防。

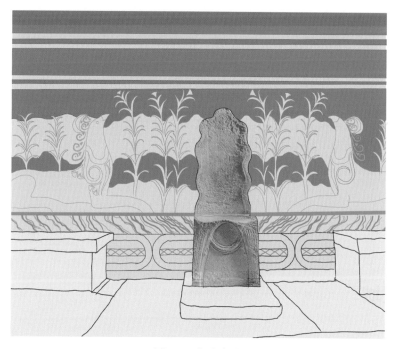

图 3-3　御座之室

正当米诺斯霸国如日中天之际，公元前1470年，破坏和毁灭突然降临，克里特岛上的城市遭到了毁灭性的打击。这个雄霸一方的海上大国消失在海浪和风声里，只留下了一些传奇故事。是谁毁灭了米诺斯文明？有传说是因为米诺斯的国王被公主烫死在浴缸里，当然更理性的解释认为米诺斯文明是毁于地震和火山爆发，这使得米诺斯文明走到了尽

图 3-4　上粗下细的柱子

头。尽管这个海上大国消失了，但是欧洲的文明并没有就此终结，伯罗奔尼撒半岛的迈锡尼继承了它的文化传统，欧洲文明开始了新的进程。

02

迈锡尼卫城

　　克里特岛文明消失以后，上古时期的文明发展中心移到了巴尔干半岛南部的伯罗奔尼撒半岛，这就是迈锡尼文明。迈锡尼又被称为"金色的迈锡尼"，但这里并不盛产黄金，这里有一些氏族部落首领的遗像戴着黄金面罩。我们知道古埃及的木乃伊有类似的做法，因为古埃及人对于死亡的信仰与众不同，他们认为死人需要留下不朽的面容，以便死后灵魂四处飘荡，还能找到自己的归宿。因此许多人认为迈锡尼的这种黄金面具源自古埃及的风俗。

　　在迈锡尼建筑遗址中，最主要的成就是迈锡尼卫城。这是建造在一座高台之上的城市，它不仅具有城堡的作用，而且是一个城邦的中心，它是以后希腊古典时代卫城建筑的先导。在迈锡尼卫城的建筑群中有民居、公墓、宫殿等，其中狮子门的构造特征享有盛誉。迈锡尼卫城的狮子门由两根柱子支撑，柱子上面有一段弧形的月梁，这个形式和受力紧密联系。在月梁的正上方有一根多立克柱子，柱子两边有两个对称的狮子(图3-5)。狮子在古埃及的神话和宗教信仰当中是非常重要的一种动物，而希腊半岛的迈锡尼并没有狮子，因此有人认为这种狮子门的做法是源自古西亚和古埃及的文化传播。荷马史诗当中也有关于狮子门的记载：当君主阿伽门农率领战车浩浩荡荡从这里出发，远征特洛伊城，经过十年的苦战从战场归来，就在这狮子门接受心怀鬼胎的妻子和妻子情人的迎接，不久后他在山顶的宫殿被谋杀。

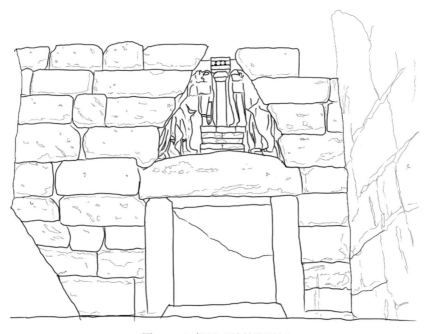

图 3-5　迈锡尼卫城的狮子门

　　迈锡尼的建筑风格和克里特岛建筑风格有很大的不同。迈锡尼的建筑是粗犷雄健的，并且设防的；克里特岛上的建筑是华丽纤细的，不设防的。但它们都是以正室为核心的宫殿建筑群，柱式都是上粗下细的，这对于以后的希腊建筑产生了重要的影响。

03
古希腊的宗教与神话

《马克思恩格斯全集》对于希腊的描述有："希腊是泛神论的国土，所有的风景都嵌入……和谐的框格里。① ……每个地方都要求它的美丽的环境里有自己的神；……希腊人的宗教就是这样形成的。"希腊的这种宗教思想影响了建筑群的布局，希腊建筑设计的核心思想是追求建筑和自然环境的和谐。

古希腊的宗教和古埃及有很大的不同。希腊虽然是信奉多神教，但古希腊的神是幻想的人，是永生不死的超人，而不是残酷无情的主宰。古希腊的神表现为超人的和智慧，他们成了各行各业的保护神。所以在古希腊各地庙宇盛行，这些庙宇不仅是宗教的场所，也是公共活动的中心，成为城邦繁荣的标志。由于古希腊人信仰神与人同形同性论，所以为了接近神，古希腊人要不停地进行体育锻炼。

古希腊神话在全世界都享有盛誉，这些神话在我们看来也许只是神话故事，古希腊人把这些神话故事视作他们的古代史。历史借助神话流传，神话使得历史更加迷人，这些神话是古希腊艺术的土壤。

在古希腊的神话当中，德尔斐（Delphi）被认为是世界的中心，在德尔斐的山上有阿波罗的圣所。全世界各地的人到这里寻求神的旨意，也就是神谕。所以在德尔斐有祭祀阿波罗的神殿。古罗马对于古希腊的宗教和信仰是全盘继承的。古罗马的万神庙就是供奉了约一万个神。古罗马把古希腊的宗教系统继承过来以后，每个神的名字都改变了，每个神都有一个希腊名字和一个拉丁名字。比如火神的希腊文是赫菲斯托斯（Hephaestus），拉丁文就是伏尔甘（Vulcan）；战神的名字是阿瑞斯（Ares），拉丁文是玛尔斯（Mars）。

黑格尔在宗教哲学里提出古希腊宗教有两个关键词，一个是谜，一个是能工巧匠。这两个特点在许多神话故事中都可以体现，例如前文提到的克里特岛的迷宫的神话，还有就是悲剧的英雄伊卡洛斯（Icarus）的故事。伊卡洛斯的父亲戴德勒斯（Daedalus）是个能工巧匠，被米诺斯国王囚禁起来修建迷宫，后来他决定逃出牢笼，他用蜡和羽毛做了两对翅膀，飞出牢笼后，他对儿子伊卡洛斯说："孩子，你不要飞得太高，因为如果你飞得高的

---

① 风景，《马克思恩格斯全集》，第四十二卷。

话，蜡很容易被太阳融化，就会掉下来摔死。"但是伊卡洛斯并没有听他的话，他仍然飞得很高，欲与天公试比高，于是他的翅膀被融化，伊卡洛斯就掉下去摔死了。

在文艺复兴时期，很多画家都表现过这个希腊神话故事伊卡洛斯的坠落。老勃鲁盖尔（Pieter Bruegel the Elder，公元 1525—1569 年）的《伊卡洛斯坠落的风景》（Landscape with the Fall of Icarus）就是其中的一幅著名作品（图 3-6）。在这幅画中，伊卡洛斯是一个很小甚至被人忽略的角色。整个画面表现的是一个农民在犁地的非常平静的场景，表现了英雄只不过是一瞬，风景依然是风景。这就是古希腊神话中悲剧英雄的故事。伊卡洛斯的坠落不仅是在文艺复兴时期，一直到近现代都不断地被演绎，不断地以各种形式被传播。

图 3-6　伊卡洛斯坠落的风景（Pieter Bruegel the Elder）

心理学中很多名词是从古希腊神话中衍生出来的，比如说俄狄浦斯王（Oedipus King）、回声（Echo）和自恋狂（Narcissus）的故事，这都是大家所熟知的神话故事。

俄狄浦斯王是一个杀父娶母的故事。俄狄浦斯王出生后，有神谕称这个儿子会杀父娶母，他的亲生父母很害怕这件事情真的会发生，所以就让手下将俄狄浦斯王丢弃在荒野。但是他的手下舍不得杀掉这个孩子，邻国的国王和王后遇到了被抛弃的俄狄浦斯，把他带回王宫抚养。这个孩子长大后知道了神谕的故事，以为他的养父养母就是他的亲生父母，所以他就离开了自己的养父养母。在流浪的过程当中，他在一次争斗中无意杀死了自己的父亲，后来因为他亲生父亲的国家被狮身人面所困。这个国家的王后说谁能够解开狮身人面的谜题她就嫁给谁,这个谜题就是著名的"早上是四条腿,中午是两条腿,晚上是三条腿"的问题。俄狄浦斯解开了这个谜题,最终他娶了自己的母亲。故事的最后俄狄浦斯王还是逃不出宿命的安排。心理学家弗洛伊德指出,俄狄浦斯王预示着所有男孩和母亲的依恋关系。这是一个希腊神话衍生成当代精神病理学名词的典型例子。

图3-7 纳斯瑟斯(卡拉瓦乔)

回声和自恋狂(Echo and Narcissus)同样是广为流传的古希腊神话的故事。艾蔻(Echo)是一个女神,她受到了诅咒,只能重复别人说的话中的最后几个字。艾蔻爱上了一个非常帅气的小伙子纳斯瑟斯(Narcissus)。由于艾蔻受到诅咒,她无法和纳斯瑟斯进行正常的交流,所以纳斯瑟斯没有理会她的爱。艾蔻很伤心,最后死掉了。后来纳斯瑟斯爱上了自己的倒影,掉进水里淹死,变成一枝水仙花。卡拉瓦乔在画作中表达了纳斯瑟斯低头对水中自己倒影的依恋(图3-7)。

希腊神话故事中还有宙斯化作一头神牛劫持欧罗巴(The Rape of Europe),这个故事在伦勃朗的画作中被重新演绎(图3-8),缇香也演绎过这个故事。宙斯除了变成牛,还会变成天鹅等,米开朗基罗和达·芬奇都对这个故事进行了新的演绎。古希腊的神话和雕刻充满了广阔的对人的关注和对人性的思考,对后世的影响非常大。

图3-8 劫持欧罗巴(Rembrandt)

04

古希腊的艺术特点

　　古希腊的艺术特点主要是短缩法，在雕塑艺术中表现尤为突出。短缩法和今天通常说的透视法是不太一样的，透视有灭点，短缩法没有透视法科学精确，但是它与透视法有一些比较接近的地方，这种技巧使得古希腊的艺术表现跟人肉眼所看到的客观世界非常接近。

　　在古希腊的《辞行出征的战士》这一红像式花瓶中有非常经典的短缩法场景，中间出行的战士的双腿不再像古埃及的艺术中常用侧立面的形象，而是一只腿转过来，让观众可以看到战士脚的正面这五个圆圆的脚趾头（图3-9）。这一细枝末节也被认为古老的埃及艺术已经死亡并被埋葬。

图 3-9　红像式花瓶《辞行出征的战士》

古希腊的雕塑艺术的特点主要表现为自由的人体形象，以及强烈的外在感染力。这种感染力是平静的，特别是古希腊雕塑对于人物的神态、衣纹、姿势的处理技巧是后世所不及的。古希腊的雕塑当中，人物的面部一般是没有表情的，眼睛没有眼珠，身体没有颜色，观众站在雕塑面前会强烈地感受到这是一个神而不是凡人。

一些比较著名的古希腊雕塑有牧羊神、胜利女神，还有帕特农神庙中的雅典娜神像，以及菲狄亚斯（Phidias，C. 490-430BCE）的作品——命运三女神。

古希腊人的艺术突破了早期埃及艺术的禁律，走向一条真正的艺术之路，强健的身体是美的本源，神话是艺术的精神。所以古希腊艺术的主要成就表现于神人合一的雕刻和神庙建筑。古希腊雕像艺术传播到了中国，云冈石窟的 20 窟大佛是受到古希腊艺术影响的犍陀罗风格的雕刻，大佛的左肩下垂、右肩袒露，嘴唇上有两片小胡子，带有异域风情（图 3-10）。

图 3-10 云冈的 20 窟大佛

05

古希腊的建筑特点

古希腊的建筑类型非常多，它比古埃及的建筑类型丰富得多，出现了大量的公共性建筑和纪念性建筑，比如说神庙、剧场、影视厅、运动场、商场、图书馆，还有音乐纪念厅、风塔等。

古希腊建筑的群体布局从大的尺度范围来说有城市，小的尺度范围而言有广场等，都有自己的个性特点。城市表现为有机型和几何规则型两种城市形式。有机型城市多以卫城为中心逐步发展成形态不规则的城市，这种城市通常都善于周边的地形地貌，例如雅典。几何规则型的城市，多是一次性规划的几何规则型（方格网）城市模式，这和中国古代匠人营建都城的《匠人营国》中的描述"匠人营国，方九里，旁三门。国中九经九纬，经涂九轨，左祖右社，面朝后市，市朝一夫"比较接近，比较有代表性的是米利都城（Miletus）。米利都曾经被认为是希腊最伟大和最富有的城市，它位于今天的爱琴海附近的土耳其的海港（图 3-11）。米利都城是在方格网的基础上布置城市，港口附近布置了码头、广场、议事厅、神庙等建筑。

图 3-11　米利都城

古希腊广场的功能主要是露天集会，一般是政治和商业活动并存。一般建筑群周边都有柱廊，尽端设有神庙。比较著名的就是阿索斯城广场（Assos Agora）（图 3-12）。阿索斯位于今天土耳其的西北部，它的地理位置非常优越，在古希腊文明的进程中占有非常重要的战略地位，是古希腊时期建立在山坡之上的港口城市。阿索斯城广场是一个长梯形的广场，长梯形从视觉上加大了广场的内部透视的纵深感。广场的端头布置有神庙。广场周边布置有敞廊（Stoa），一方面可以让市民在这里避暑，另一方面也可以进行集会或者商业贸易。

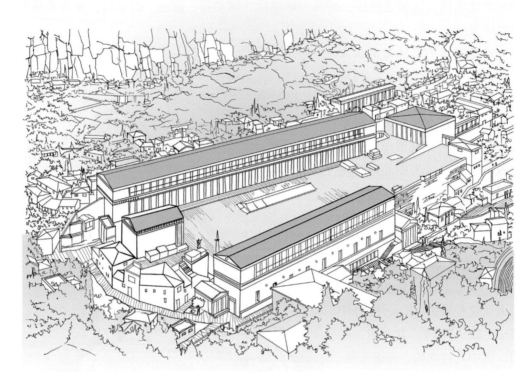

图 3-12　阿索斯城广场

06

古希腊柱式

　　古希腊建筑对于柱式的研究是具有创造性的，对于西方古典建筑的发展具有非常重要的影响。古希腊柱式是逐渐发展起来的。古风时期古希腊的柱式还没有完全成熟，艺术经验还不够丰富。但是随着时间的推移，古希腊的柱式比例和细部细节都做得非常精美。古希腊人追求优美的比例，追求构建和谐、匀称、端庄的柱式做法。

　　柱式主要由三部分组成：檐部、柱子和基座。古希腊的柱式一般是不完整的柱式，不完整的柱式分为檐部和柱子两个部分。不完整柱式的檐部占总高的 1/5，柱子占总高的4/5。古罗马的柱式是完整的柱式，完整的柱式有檐部、柱子和基座三个部分(图 3-13)。

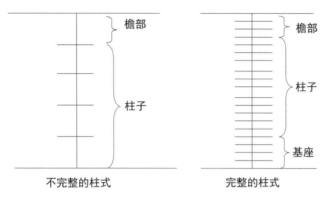

图 3-13　古希腊和古罗马的柱式

　　在古希腊建筑当中有三种形式的柱式：象征着男性伟岸形象的多立克柱式（the Doric Order）（图 3-14），象征着女性的修长和优美的比例的爱奥尼柱式（the Ionic Order）（图 3-15）以及科林斯柱式（the Corinthian Order）（图 3-16）。这几种柱式应用在建筑当中形成不一样的建筑风格，地位比较重要的神庙的外立面多会采用多立克柱式。以人比柱式这种形式充分体现了古希腊的人文主义精神。

图 3-14　多立克柱式

图 3-15　爱奥尼柱式

图 3-16　科林斯柱式

　　古希腊的多立克柱式没有柱础,柱身一般直接落在地上,就像一个人不穿鞋子一样(图 3-17)。爱奥尼柱式最主要的特点就是柱头的顶部有一对涡卷,有人说这对涡卷像女人卷曲的头发,也有人说这对涡卷像螺旋形的曲线,也有人说这对涡卷像贝壳。爱奥尼柱式的柱头从正面看是一对涡卷,从侧面看像一对腰鼓(图 3-18)。这样就使得爱奥尼柱式位于建筑的角部,也就是位于转弯处成为角柱时,从正面和从侧面看到的柱头样子不一样。因此,希腊人将爱奥尼柱式位于角柱时,会让这一对涡卷从45°的方向向外延伸,以使得正

图 3-17　多立克柱式没有柱础

图 3-18　爱奥尼柱式的柱头

侧面都能看到这对涡卷（图 3-19）。这种做法与中国古建筑中的转角斗拱有类似之处。科林斯柱式柱头的表现方式是莨苕叶层层出挑，这种莨苕叶的装饰不仅仅是用于古希腊的柱头装饰（图 3-20），在古罗马，拜占庭建筑当中很流行。

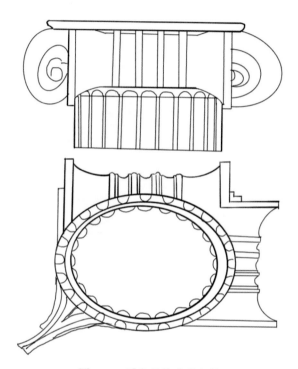

图 3-19　爱奥尼柱式的角柱

图 3-20　莨苕叶的装饰

　　古希腊柱式中还有一种人像柱，比如说宙斯神庙的男人像柱、伊瑞克提翁神庙中的女人像柱，这都是以人形柱的一种做法（图 3-21）。人形柱式并不是西方所特有的，中国其实也有这种人形柱式，例如武氏祠石室当中亦有这种做法（图 3-22），左边是女人以及她的头和手，右边是怪人以两个手支撑屋顶，两边各成一对。

图 3-21 女人像柱式

图 3-22 武氏祠石室的人像柱

古希腊的柱式是充满感情的外形,只能用手去触摸,也就是柱式中的很多造型和线条的美无法用精确的数学去求得,但是这种美是可以被触觉感知的。到了古罗马时期,这些柱式的性格被罗马人继承,但是古罗马的柱式的线脚和造型的线条是可以用尺规作图而求得,并且比例更加修长,装饰更加精美。

古希腊建筑在造型艺术上一个重要的特点就是能考虑视觉校正(Optical Correction,Refinement),这是科学技术和艺术结合的成就。它充分表明了希腊人不受束缚追求艺术的美,把数学高度的精确性和适应人眼的直观美感结合起来。因为人的眼睛看到的往往并不是真实事物的客观存在的形象,有时候会有一点点视觉的偏差。为了纠正这种视觉偏差,古希腊人就产生了独特的造型艺术的处理方式,这在古希腊人追求美的道路上是一种非常重要的表达,具体做法包括水平线的中间升起、卷杀、柱子的侧脚和收分、角柱加粗、山花前倾等。

古希腊的柱子不是由一根完整的石头雕刻而成的,它是由很多个圆形的石头一块块堆砌而成(图 3-23),在这些石头的正中间会有一个轴心(图 3-24)。柱子外表面有竖向的凹槽,这种做法在阳光灿烂的希腊显得更加突出,长久而充足的阳光洒满柱身,其光影效果更加强烈和丰富多彩,柱子从外观上更加具有挺拔的美感(图 3-25)。

图 3-23　圆形的柱身碎片遗址

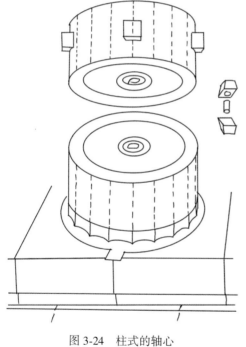

图 3-24　柱式的轴心

图 3-25　柱身外表面的凹槽

　　柱式对于古希腊来说是非常重要的成就。柱式最开始是一种结构方式，这种结构逐步和艺术融合，演化成一种独特的艺术风格表达。梁柱体系一直到今天都是人类常用的结构方式，可以营造很高大宽阔的室内空间。柱子对于古希腊建筑来说是必不可少的建筑外立面元素，所以古希腊人精心地推敲柱子的造型、尺度、比例，最终浓缩成古希腊建筑艺术的精华，几乎到了不容修改的地步。柱式到了古希腊的后期，随着古罗马人全盘继承以后,产生了券柱式、叠柱式等,同时古罗马发展出了五柱式,柱式的艺术表现力进一步增强。希腊柱式中蕴含饱满的人文精神是它长传不衰的原因。到了文艺复兴时期,古希腊、古罗马建筑废墟当中的古典柱式再次被发掘、塑造和创新,柱式成为古典的代名词。

西方的古典柱式,正如中国建筑中的斗拱一样,是东西方建筑文化的精华。斗拱是中国古建筑当中非常重要的构件,具有非常强的艺术表现力。西方的古典柱式风格通过丝绸之路传到了中国,在云冈石窟的第10窟中可以看到爱奥尼柱式等西方古典柱式的身影(图3-26)。

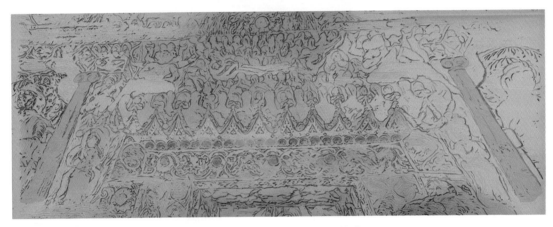

图 3-26 第 10 窟中的爱奥尼柱式

古希腊建筑艺术(下)

——古典建筑的先河

01

雅典卫城

雅典卫城(Acropolis of Athens, 公元前 448—前 406 年)是希腊古典时期的代表作品, 也是世界上最杰出的建筑群(图 4-1)。雅典卫城是建筑师的圣地, 在古今中外所有的建筑排行榜中它名列前茅。

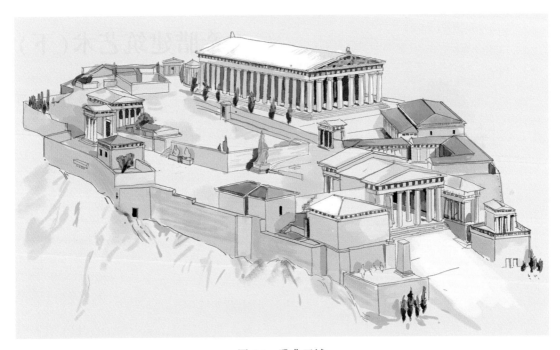

图 4-1 雅典卫城

因为雅典卫城现已经成为一片充满悲剧色彩的废墟, 英国诗人拜伦勋爵曾经发起过一个传统, 希望人们在雅典卫城洒下泪水。在整个雅典卫城当中, 帕特农神庙是最重要的建筑物, 它位于卫城的最高处, 它的美丽摄人心魄。

古希腊雅典卫城的建造有几个目的, 首先当然是庆祝胜利, 庆祝希腊国家反波斯侵略战争的胜利; 第二个目的是歌颂和装饰雅典, 希望能够把雅典建设成为全希腊政治经济文化的中心；第三个目的是繁荣经济。因为建设雅典卫城把许多优秀的人才吸引到雅典，于是雅典卫城成为多文化交融的杰作——来自小亚细亚的爱奥尼文化和来自意大利西西里的多立克文化，在雅典卫城得到充分的交融并发扬光大。

　　整个卫城的建筑群有很多建筑单体，其建造历经了一两千年的时间，所以它的建筑遗址非常多。雅典卫城建造在一座小山丘之上（图4-2），我们把山丘之上的建筑群称为上城，山丘下面的建筑群称为下城。上城建筑群主要是沿着周边来布置。下城布置有半圆形的剧场，还有剧院、市场等。

图 4-2　雅典卫城

　　整个卫城主要围绕着中心建筑物帕特农神庙建设而成（图4-3）。卫城的西边是整个卫城的唯一的出入口，其他地方全部是峭壁和山崖。卫城的布局考虑山下人的仪式和观瞻的需求，建筑物是沿着周边来布置的。卫城中的建筑不是机械的平行或者对称，而是因地制宜，突出重点。建筑群的设计考虑了人的心理活动，用雅典娜神像来统一全局，把最好的角度和朝向面向人群，利用建筑群体之间的制约和平衡形成丰富统一的外部空间形象。

　　雅典卫城主要的建筑物有四个，分别是卫城山门（Propylea，公元前437—前432年）、胜利神庙（Temple of Nike Apteros，公元前426—前421年）、帕特农神庙（Parthenon，公元前447—前432年）和伊瑞克提翁神庙（Erechtheion，公元前421—前405年）。从整个卫城的东西剖面还是南北剖面图中可以看出，帕特农神庙位于地形的最高处，而且体量也是最大的。

图 4-3　雅典卫城

卫城山门

卫城山门的主入口朝西，也就是西边是它唯一的主入口(图 4-4)。卫城山门很好地体现了多立克文化和爱奥尼文化的交融。山门主入口的中轴线上布置了 6 根多立克柱式(图 4-5)，神庙的建筑室内布置了 6 根爱奥尼柱式。另外我们可以看到由于地形的高差，建筑采用层叠布局形成错落的景象。卫城山门是不对称的形式，中间柱距比较宽的可以走马车，两边台阶可以走人。

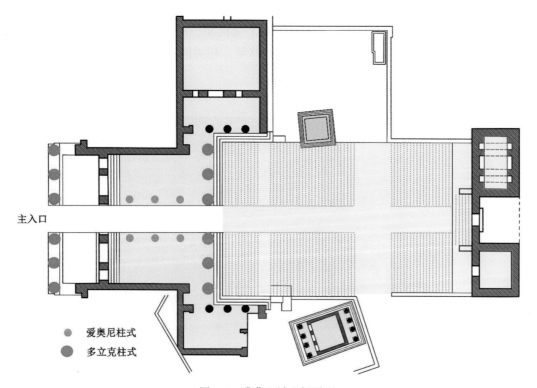

爱奥尼柱式
多立克柱式

图 4-4　雅典卫城山门平面

主入口

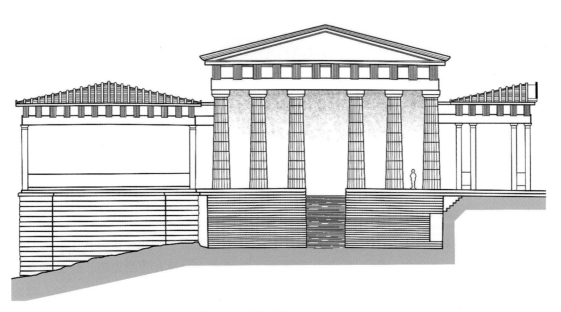

图 4-5　雅典卫城山门入口立面

19世纪晚期有艺术家曾经想对卫城的入口进行重建和复原，也形成了相应的艺术作品。宫廷建筑师利奥波德·弗兰克·卡尔·冯·克伦泽(Leopold Frank Karl von Klenze)与考古学家合作曾经试图对雅典卫城的建筑进行修复，相关的作品展示陈列在慕尼黑的绘画和陈列馆里(图4-6)。

图4-6 雅典卫城(1846)

胜利神庙

卫城山门的旁边有一个体量很小的斜着的建筑物是胜利神庙。胜利神庙体型非常小，是卫城山门处的一个小小的点缀，使得卫城山门的总体外观形象更加活泼生动(图4-7)。胜利神庙的两端各有4根爱奥尼柱式(图4-8)，岩壁上雕刻有希腊和波斯骑兵作战的故事(图4-9)。雅典人有这样一句谚语："要使雅典人变得谦虚的最有效的方法，就是把他们的山门搬走，搬到你自己的家里去。"今天所有前往雅典卫城的人们在山门的入口处，都能看到胜利神庙(图4-10)。

图 4-7 胜利神庙

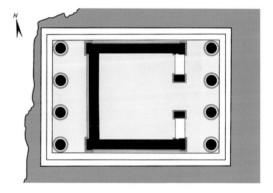

图 4-8 胜利神庙平面

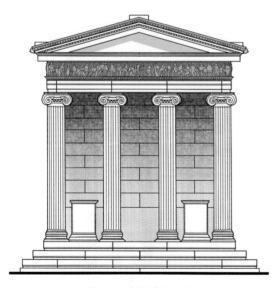

图 4-9 胜利神庙立面

图 4-10 从入口处看胜利神庙

帕特农神庙

帕特农神庙是整个卫城建筑物当中体量最大的建筑物，位于卫城的最高处，是卫城唯一采用周围列柱围廊式的建筑。帕特农神庙里面布置着国家财库和档案馆，它的东立面和西立面分别有 8 根多立克柱式，侧面分别有 17 根多立克柱式(图 4-11)。建筑平面为长宽比约 4∶9 的长方形(图 4-12)。帕特农神庙的建筑风格庄重、雄伟，其他的建筑物在整个建筑群当中只起到陪衬的作用。在帕特农神庙的内部布置有雅典娜的巨像，据说用黄金雕成，但是现在巨像已经不见了。

图 4-11　帕特农神庙侧面

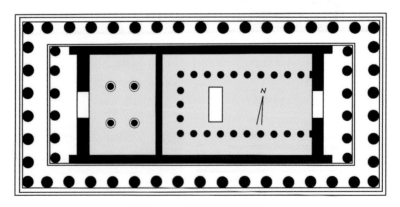

图 4-12　帕特农神庙平面

　　帕特农神庙的正立面是古希腊建筑风格的代表(图 4-13)，打破了希腊神庙正立面 6 根柱子的传统习惯(图 4-14)，立面的高度是 10.4 米，台基的面积是 30.89 米×69.54 米。它不像别的神庙那样狭长，虽然体量很大，但是尺度适宜，柱子刚劲有力，整个柱式和檐部的比例也非常匀称(图 4-15)，让人感觉比较开敞、爽朗，不会感到沉重和压抑(图 4-16)。每根多立克柱子的轴线上方都会有一个三陇板，三陇板之间是陇间壁(图 4-17)，陇间壁上雕刻有希波战争等内容。

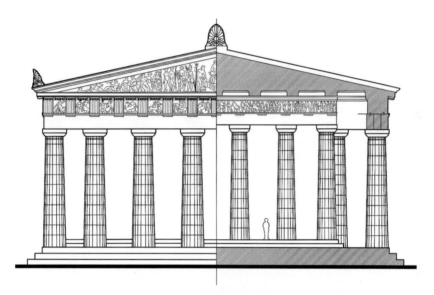

图 4-13　帕特农神庙立面

图 4-14　帕特农神庙正面

图 4-15 帕特农神庙(一)

图 4-16 帕特农神庙(二)

图 4-17　帕特农神庙的陇间壁

对比雅典的帕特农神庙和意大利帕埃斯图姆波塞冬神庙（Temple of Poseidon, Paestum, Italy，公元前 460 年）和希腊苏尼翁波塞冬神庙（Temple of Poseidon, Sounion, Greece，公元前 440 年），可以清晰看出帕特农神庙的布局特点。这几个神庙都是采用多立克柱式，建筑的空间形制相对来说比较简单，都是长方形的布局。两个波塞冬神庙正立面都是采用 6 根多立克柱式，而帕特农神庙采用 8 根多立克柱式，正面相对更加宽阔，柱式比例更加修长，柱子与柱子之间的间距更加开敞（图 4-18）。希腊苏尼翁波塞冬神庙建造时间稍晚，

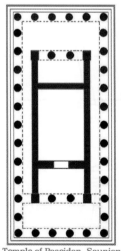

Temple of Poseidon, Sounion

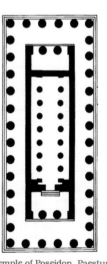

Temple of Poseidon, Paestum

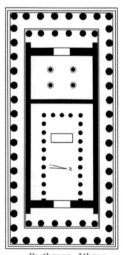

Parthenon, Athens

图 4-18　三座神庙平面对比

它坐落在海边，有非常好的自然风光环境，可以鸟瞰大海的壮阔风景，拜伦(Lord Byron)曾把他的名字刻在这个波塞冬神庙的柱子上。

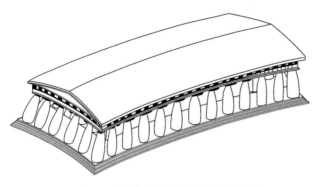

图4-19 帕特农神庙夸张的透视效果

帕特农神庙是古希腊建筑艺术的精品，建筑师在建造的时候运用到了很多视觉纠正偏差的做法，例如角柱加粗，也就是四个角柱的直径要比其他地方的柱子的直径略大一些，每根柱子都微微向里倾斜，在高空几百米的地方相交于一条直线(图4-19)，中间柱子的间距略微大一些，其他柱子的间距适当减小。台阶的地平线在中间微微隆起(图4-20)。这些细节处理的主要目的是让建筑的整体造型从视觉上看更加精致和挺拔。

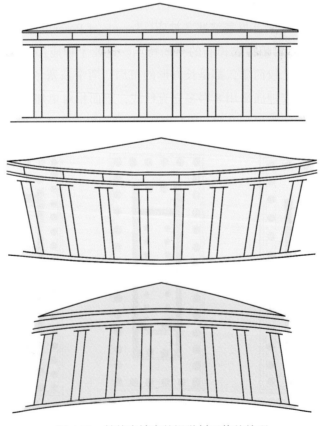

图4-20 帕特农神庙的视觉纠正偏差处理

帕特农神庙是非常重要的世界文化遗产，它的修复工作从未停止过。今天卫城上的游客可以看得到建筑内部布满脚手架，还有很多的考古、建筑、保护、修复等工作等待当代以及后世人仔细研究（图4-21）。

图4-21　帕特农神庙的修复工作

建筑师是如何突出帕特农神庙的地位呢？第一，它被放在卫城的最高处，距离山门大概80米，这样的话就会有比较良好的观赏距离。第二，它是希腊本土最大的多立克式庙宇，多立克柱式显得非常的刚劲有力，它也是卫城唯一的围廊式庙宇，形制最为隆重。第三，它是卫城上最华丽的建筑物，全部都是用白色大理石砌成，有大量的镀金青铜装饰并有着生动逼真的雕刻；此外配上浓重的色彩，以红蓝为主，夹杂金箔的黄色。这样的神庙更加宏伟壮丽，具有隆重的节日欢乐气氛。今天的帕特农神庙立面色彩基本上消失了，我们只有通过历史考古资料推断出它原来的样式。

伊瑞克提翁神庙

帕特农神庙的北面是伊瑞克提翁神庙（Erechtheion），伊瑞克提翁神庙打破了传统庙宇采用的严整对称的平面传统，成为古希腊建筑神庙中的另一个经典（图4-22）。伊瑞克提翁神庙由三个部分组成：北面的门廊、东面的神殿和女像柱廊（图4-23）。东面神殿体量最大，北面的门廊相对次之，南面女像柱的柱廊体量最小（图4-24）。东面神殿用矮墙分为三

段，东段供奉雅典娜神像，中间供奉伊瑞克先和波塞冬神。伊瑞克先在希腊的神话中是雅
典国王的名字，是城邦的创始人，他在一次战斗中被波塞冬的三叉戟击倒，所以在北面门
廊还有三叉戟的泉眼。建筑的西侧有雅典娜在竞选中种下的橄榄树(图 4-25)。

图 4-22 伊瑞克提翁神庙

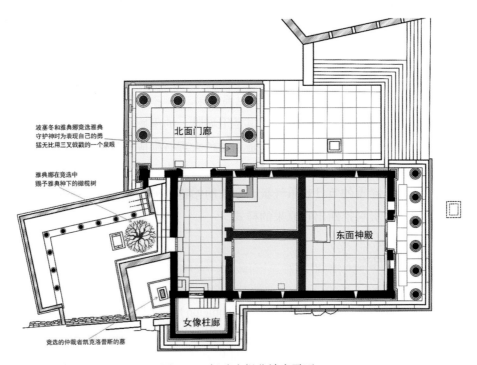

图 4-23 伊瑞克提翁神庙平面

图 4-24　伊瑞克提翁神庙

图 4-25　伊瑞克提翁神庙西侧的橄榄树

　　伊瑞克提翁神庙的东立面采用的是爱奥尼柱式，是古典盛期的作品，柱子底部直径和柱高的比是 1∶9.5（图 4-26），角柱的柱头在正面和侧面各有一对涡卷，涡卷坚实有力（图 4-27）。由于神庙东部的地平比西部的地平要高将近一层楼的高度，为了处理成完整的空间，就在西部建了一个高台基与东部的室外地平联齐，作为西地面的墙基，西地面的入口采用在北部加设门廊的做法（图 4-28）。所以从东面和西立面看上去建筑物都非常匀称。从山下仰望伊瑞克提翁神庙的西立面时，6 根爱奥尼的柱子清晰可见。

图 4-26　伊瑞克提翁神庙的爱奥尼柱式

图 4-27　伊瑞克提翁神庙的爱奥尼柱式的涡卷

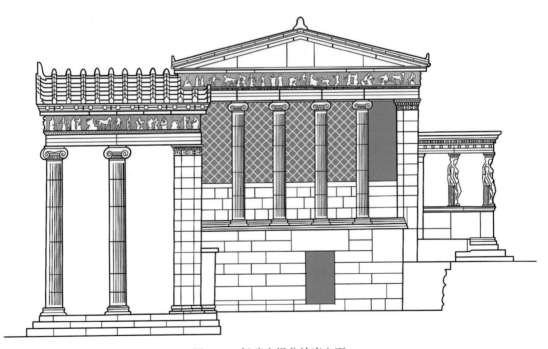

图 4-28　伊瑞克提翁神庙立面

在伊瑞克提翁神庙南部的矮墙上面有 6 根女人像柱(图 4-29),每座雕像都是双手自然下垂,一条腿微微弯曲,有婀娜欲动之姿,神态自然优美(图 4-30)。每座雕像的中轴线与地面并不是垂直的,略微有些倾斜,既纠正了视觉偏差,又达到稳定和整体的艺术效果。整个神庙是由白色的大理石砌成,爱奥尼柱式和女人像柱在同一建筑物上使用,比例结构都非常和谐得体。这个神庙虽然体量不大,但是它的柱式生动、比例修长、雕刻精美,表现了希腊建筑的高超技艺。

图 4-29　伊瑞克提翁神庙的女人像柱　　　　图 4-30　伊瑞克提翁神庙的女人像柱

　　伊瑞克提翁神庙和帕特农神庙隔路相望,形成了强烈的对比(图 4-31)。帕特农神庙的北立面采用的是多立克柱式,伊瑞克提翁神庙的南立面采用女人像柱。另外伊瑞克提翁神庙的规模较小,采用不对称布局,颜色为白色,也和帕特农神庙华丽的色彩形成对比。两个建筑避免了重复形体的样式,丰富了卫城建筑群的整体面貌。

　　雅典卫城有一段哀伤的历史,它曾经被作为天主教堂,后来拜占庭人把卫城当作自己的城堡,在空地上建造了一些住房。1456 年土耳其人把这个地方变成一座清真寺,1687年威尼斯人工围攻了卫城上的土耳其军队,这个地方成为军火库,后来毁于爆炸。19 世纪初,艾尔琴伯爵曾经移除了帕特农神庙的 160 米的楣板中的 75 米、92 个墙面中的第15、17 个山墙中的人物和建筑作品。他还移走了一个女人像柱,在前往英国的途中,他载有雕塑的船"导师"在凯瑟拉岛外沉没,使得雅典卫城的雕塑留在海水中两年。英国政府购买了雅典卫城的雕塑并把它们保存在大英博物馆。1827 年,土耳其军队在希腊独立战争时

图 4-31　伊瑞克提翁神庙和帕特农神庙隔路相望

将它夷为平地。

　　今天，整个雅典卫城是一个巨大的建筑修复和考古现场，从 1975 年一直到现在，修复工作还在持续进行。雅典卫城看上去已经比较残破，建筑外墙或者柱子等部位都会有一些黄白相间的色彩，淡黄色的部分是原来的建筑本体，白色的部分是后期人们对它进行修复而新加的(图 4-32)。在历史建筑修复的过程当中，人们有这样一个基本观点，一方面希

图 4-32　修复中的雅典卫城

望修旧如旧，另外一方面也希望新加的部分有辨识度。

雅典卫城是雅典黄金般古典时期的纪念碑，它是古希腊全面繁荣昌盛的见证，它的群体布局没有轴线，不求对称，建筑物的位置和朝向是按照朝圣路线的最佳景观来设计的。最重要的是雅典卫城是爱奥尼和多立克柱式的典型代表，也体现了两种文化的交融。在过去漫长的时期里，爱奥尼柱式只流行于爱琴海诸岛和小亚细亚的民主制城邦里，多立克柱式主要流行于本土的伯罗奔尼撒、意大利和西西里的贵族城堡里，相互并不交流。西波战争的胜利使得希腊国家的整体意识加强，促进了两种文化的交流。卫城山门和帕特农神庙都是多立克柱式和爱奥尼柱式的结合体，这种柱式的交融也渗透到柱式的本身，比如说帕特农神庙的多立克柱式比以往的多立克柱式比例更加修长。胜利神庙当中的爱奥尼柱式比以往的爱奥尼柱式更加粗壮。总的来说爱奥尼柱式对于多立克柱式的渗透更强，也体现了爱奥尼文化在当时处于强势的地位。

02

埃比道拉斯剧场

古希腊的剧场和古罗马的剧场有比较大的区别。由于建筑条件、建筑材料以及建筑结构的限制，古希腊的剧场多依山而建。古罗马的剧场由于它建筑技术、建筑结构的发展以及混凝土的使用，大多剧场可以在平地上建造，比如我们非常熟悉的罗马大斗兽场就属于这种类型。古希腊的剧场对于后期古罗马的剧场，甚至到今天现代人的剧场设计都有非常深远的影响。

埃比道拉斯剧场在古希腊的剧场当中是非常成熟的作品，它位于伯罗奔尼撒半岛上面，坐落在群山环抱之中，巨大的看台就像一把折扇（图4-33），有32排座位，上下两排可以同时容纳12000人。

埃比道拉斯剧场是古希腊建筑中非常重要的建筑成就，它在不依靠电声设备的情况下能够很好地进行声音传播，也是现代大型建筑安全疏散的重要实例，是现代同类型建筑的先驱。它利用山坡逐层抬高，以放射状的纵过道形成交通的主要疏散流线，同时使用顺应圆弧的辅助走道的手法，满足了视觉和交通的需求（图4-34）。

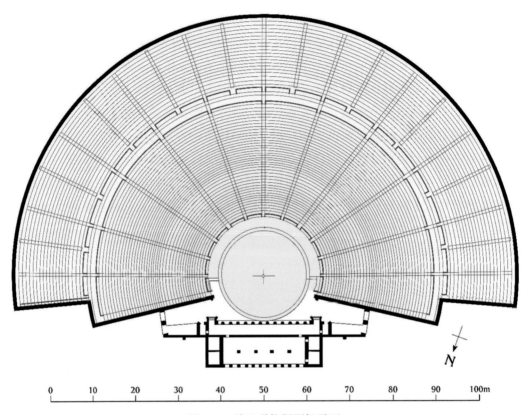

图 4-33 埃比道拉斯剧场平面

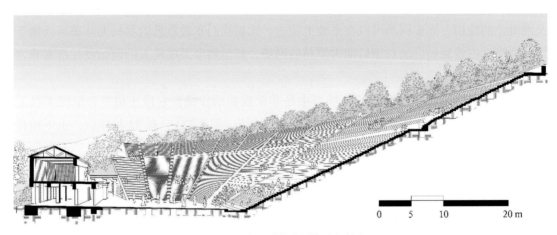

图 4-34 埃比道拉斯剧场剖透视

03
雅典风塔

　　雅典风塔（The Tower of the Winds，公元前 100 年）位于雅典卫城的山脚下，它是观测气象的建筑物。雅典风塔平面为八角形（图 4-35），东北面和西北面各有一个门廊，门的前面各有两根科林斯柱式（图 4-36），檐部雕刻风神和日晷，顶部还有风标（图 4-37）。

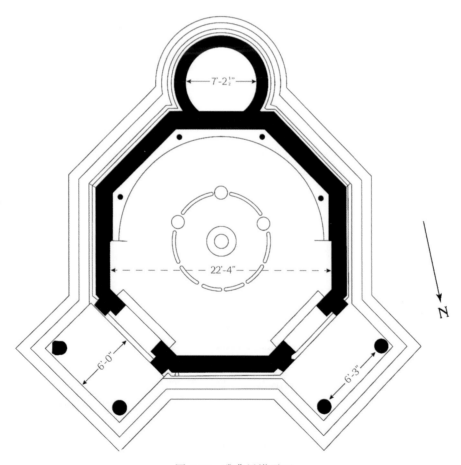

图 4-35　雅典风塔平面

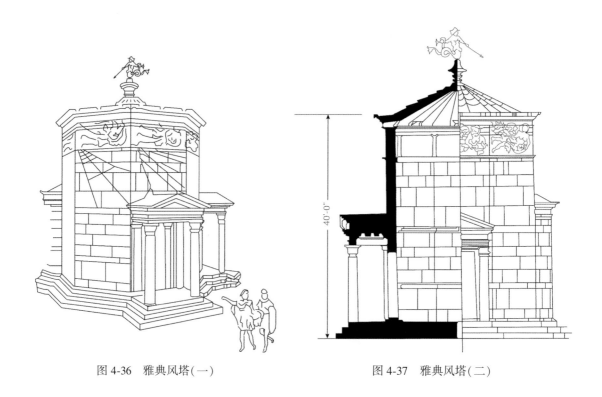

图 4-36　雅典风塔(一)　　　　　　　　　图 4-37　雅典风塔(二)

雅典风塔这种观测气象的建筑物在当时的雅典非常重要，因为气象观测对于当时的雅典人掌握农时、大自然规律有着重要的作用。

04

奖杯亭

奖杯亭和雅典风塔都位于卫城的山脚下，奖杯亭(The Choragic Monument of Lysicrates)(图 4-38)是集中式构图的纪念性建筑的典型例子。这是一个封闭的小型建筑，人不能到建筑内部。建筑上部是圆形平面，基座部分是方形平面。圆形的外立面有 6 根科林斯柱式(图 4-39)，建筑顶部有精美的层层出挑的卷叶层装饰(图 4-40)。

图 4-38 奖杯亭

图 4-39 奖杯亭平面

图 4-40 奖杯亭顶部装饰(复原想象图)

05
小 结

　　在古希腊建筑的各项成就当中，影响最深的是它的柱式，柱式是欧洲建筑艺术造型的基本元素，柱式对于古希腊建筑来说非常重要。由于希腊人非常注重建筑的外部形象和群体效果，所以柱式的风格、样式、艺术表达就直接决定了建筑的外部形象和建筑的艺术表现力。希腊人在城市建设、造型艺术、建筑技术等各方面都有着非常高的成就，这些成就对于欧洲有着深远的影响。同时，古希腊毕竟受到奴隶社会的局限，大部分建筑还处于胚胎和萌芽的阶段中。古罗马的建筑传承了古希腊建筑的成就，并且发扬光大，到达奴隶社会的建筑成就的顶峰。

古罗马建筑艺术

——威武大帝国

意大利半岛又被称为亚平宁半岛，亚平宁山脉纵贯今天的意大利全境。亚平宁半岛伸入地中海，半岛北面有阿尔卑斯山。相较于希腊半岛曲折细碎的海岸线，意大利半岛的海岸线较为平直，地理条件的不同对于文化的衍生产生了重要的影响。和浪漫唯美的古希腊文化不同，古罗马建筑与艺术追求务实，体现了威武大帝国的坚韧和雄壮的气势。

古罗马是西方奴隶制发展的最高阶段，古罗马帝国在公元1至3世纪的疆界非常辽阔，远达英国、西亚和北非等地区，地中海变成了帝国的内海，形成了真正的罗马大帝国。疆域辽阔的大帝国要求更快速地建造城市与建筑，古罗马人全面继承了希腊化时期的文明，并在传统的基础上结合创新的技术构造营造出古罗马独有的建筑与艺术风格，这种风格具有鲜明的阶级性、时代性和地方性。

罗马是人类的永恒之城，在这里我们随处都能找到一座自古罗马以来的建筑遗迹，或完整或碎片，或矗立或倾塌，人们与这些历史古迹奇迹般地和谐共生，城市并没有因为遍布古迹而按下现代生活步伐的暂停键。历史长河中人们不断在这片废墟上或修复或重建，形成了今天历史遗迹层层叠叠的罗马城。

01
引 子

　　关于罗马的起源不得不提的就是伊特鲁里亚民族，罗马这个词来自伊特鲁里亚的河流"Rumon"这个词，伊特鲁里亚民族是希腊文化和罗马文化的重要媒介。罗马起源有许多的神话故事，其中母狼喂养孩子讲述的正是罗马建城之初发生的故事（图 5-1）。罗穆路斯（Romulus）被认为是罗马城的奠基人，他和他的孪生兄弟雷慕斯（Remus）二人被父母抛弃后，由一头母狼用奶喂养大，之后罗穆路斯兄弟来到罗马七丘（Seven Hills of Rome）这片土地并创立了罗马（图 5-2）。罗马七丘是罗马的台伯河东岸的七座山丘。罗穆路斯兄弟来到了罗马七丘之后，罗穆路斯倾向于选择其中的帕拉蒂尼山（Palatine Hill），雷慕斯倾向于选择其中的阿文庭山（Aventine Hill）。兄弟二人发生了分歧，最终罗穆路斯杀死了雷慕斯并建城，逐渐发展成罗马的一个中心。在罗马城创始之初，帕拉蒂尼山人口还不是很发达，为了能够更好地繁衍后代，罗穆路斯准备抢夺附近的萨宾族氏族部落的妇女。他假意举办了一场宴会并备好了酒肉，邀请邻近的萨宾部落作为宾客来赴宴，在酒宴完毕之后，他们把萨宾族的男人全部杀掉，只留下妇女。拉丁人、萨宾人、伊特鲁里亚人共同构成了罗马人，也就是部落"Tribe"的起源。文艺复兴时期的许多画家和艺术家通过绘画的方式来展现这段历史，例如雅克·路易·大卫（Jacques-Louis David，公元1748—1825 年）在 1799 年的绘画《掠夺萨宾妇女》（The Intervention of the Sabine Women）（图 5-3），表现的是萨宾妇女身处在这场战争当中的纠结，一边是她的丈夫，一边是他的兄长，萨宾妇女试图调停双方的战争。因此许多人认为罗马的起源充满着血腥的味道。

图 5-1　母狼乳婴（青铜，公元 11 到 12 世纪，罗马卡比托利欧博物馆藏）

图 5-2 罗马七丘

图 5-3 掠夺萨宾妇女（Jacques-Louis David，1799）

通常认为古罗马的历史主要是分为三个时期，第一个时期是罗马王政时代（公元前753—前509年）。在这一时期，罗马城主要是围绕着罗马七丘来建设。从今天的地图也可以看到罗马城在原来罗马七丘的低凹处，建造了像赛车场这样一些大型建筑以及纵横交错的排水系统。

古罗马历史的第二个时期是共和时期(公元前509—前27年)。公元前510年,罗马人驱除了前国王暴君塔克文,结束了罗马的王政时代,建立了罗马共和国,由元老院、执政官和部族会议构成三权分立。在这个时期,罗马的城市建设和建筑成就主要体现在他们发达的市政建设。

罗马历史的第三个时期就是罗马帝国时期(公元前27—476年),这段时期诞生了许多辉煌的王朝。克劳狄王朝(Claudian Dynasty)包括五位皇帝,其中有被称为暴君的尼禄皇帝。弗拉维王朝(Flavian Dynasty)包括三位皇帝,其中前两位是韦帕芗皇帝(Vespasian)和提图斯皇帝(Titus),他们修建了著名的韦帕芗圆形剧场,也就是我们通常说的大斗兽场。著名的五贤帝(Five Good Emperors)也是罗马帝国这个时期产生的。五贤帝顾名思义就是这五位皇帝非常贤良、战功赫赫,他们彼此之间并不是血缘关系,有的是领养,有的则是被选拔出来的优秀继任者。五贤帝分别是涅尔瓦(Marcus Cocceius Nerva,公元30—98年)、图拉真(Marcus Ulpius Nerva Traianus,公元53—117年)、哈德良(Publius Aelius Traianus Hadrianus,公元76—138年)、安敦尼·庇护(Antoninus Pius,公元86—161年)、马克·奥里略(Marcus Aurelius,公元121—180年),他们在位的时候进行了大量的城市建设,主要建筑成就包括凯旋门、图拉真广场、万神庙等。塞维鲁王朝(Severan Dynasty)一共有九位皇帝,其中卡瑞卡拉(Caracalla,公元188—217年)皇帝在位时修建了可以同时容纳8000人洗浴的卡瑞卡拉浴场(Baths of Caracalla,公元212—216年)。

古罗马时期有一本非常著名的建筑书籍——《建筑十书》,该书对于古罗马的建筑理论、建筑教育、城市选址以及各种建筑物的设计原理、建筑风格、建筑柱式等方面都进行了详细的记述。《建筑十书》被认为是迄今发现的第一部完整的建筑学著作,并且最早提出了建筑的三个要素——实用、坚固、美观,这三个要素一直沿用到今天。

从建筑类型上来看,古罗马建筑比古希腊建筑类型更加丰富,主要是为了满足统治阶级在政治、经济、军事和生活享乐各方面的需要。有供统治阶级消遣和娱乐的剧场、浴场、大斗兽场;有为了夸耀帝王的威力,炫耀帝王武功,为帝王歌功颂德的广场、凯旋门、记功柱等;还有一些为世俗生活服务的宫殿府邸和为政权服务的巴西利卡档案馆;同时也出现了一些高达五六层的大规模的公寓建筑。古罗马的公寓很多时候会有内院,底层用作商业,上层用作居住。

古罗马的剧场跟古希腊的剧场虽然都是为了满足大规模的人群聚集和享乐的需要,但是古罗马的剧场不再像古希腊的剧场一样必须依山而建。古罗马凭借着拱券和混凝土技术的发展,已经可以在平地上建剧场,地形的选择变得更加自由。

古罗马的广场形式形制较为自由,广场通常作为居民的社会政治和经济活动的中心,使用柱廊来统一周围的建筑物,四周有市场、交易所、法庭等,建设形式具有一定的自发性。古罗马帝国时期则一般都通过华丽的柱廊来控制广场,使得广场成为帝王的纪念碑。

02
条条大路通罗马

　　条条大路通罗马这句谚语从侧面体现了古罗马的市政道路建设之发达和先进(图5-4)。在古罗马的市政建设当中，亚壁古道(Appian Way)是从布林迪西(Brundisium)港口一直延续到罗马城，全长大约660千米。意大利的地图从平面上看很像一只女人的高跟靴，布林迪西正是位于高跟靴的鞋跟处。亚壁古道由罗马共和时代的政治家——阿庇乌斯·克劳狄·卡阿苏斯(Appius Claudius Caecus，绰号"失明者")主持修建。亚壁古道作为一条战略要道，它为罗马帝国的扩张起到了重要的作用。公元前71年，斯巴达克起义被扑灭后，被俘的6000个奴隶被钉死在十字架上不幸悲惨死去。恺撒曾经带着埃及艳后走过这条大道，因此它又被称为女王大道。今天的亚壁古道成了人们休闲度假的一个好去处，道路两旁树木成荫，人们可以沿着古道骑车散步，体验当年罗马人创造的非凡成就。

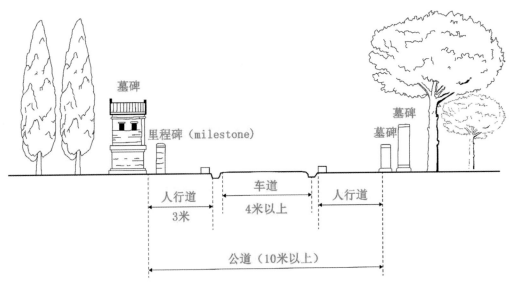

图5-4　古罗马的市政道路剖面

03

输水道等市政建设

　　对于古罗马人来说，最引以为豪的不是他们的大斗兽场，也不是他们的万神庙，而是他们的高架水渠，也就是工程浩大的输水道（Roman Aqueduct）。输水道把水从几十里外源源不断地送入城市。在空旷的原野当中，这些输水道不仅仅是工程的构筑物，同时也表现了罗马劳动者的卓越才华，具有一定的纪念性（图 5-5）。古罗马人普遍认为埃及的金字塔、希腊的神庙等虽然壮观，但是没有什么实际功用，古罗马人的输水道不仅壮观，而且实用性很强。

图 5-5　输水道

　　比较著名的输水道遗址有加特桥（Pont du Gard），三层的加特桥飞架于峡谷之上，充分利用了古罗马的拱券技术，水在最上一层的内部流动，水垢厚达 40 厘米，历经 2000 年的风吹雨打成为古罗马一个非常壮观的建筑遗址（图 5-6）。这条输水道是从今天法国境内的尼姆城（Nîmes）以北 50 千米的一个水源（Fontaine d'Eure near Uzès）向尼姆城输水。输水道的原理是利用简单的地势落差使得水在渡槽中流动，避免安装和设置压力系统，渡槽的平均坡度仅为三千分之一。

　　古罗马城的输水道进入城市以后，连接它的市政给水系统非常发达和先进。输水道连接着城市中的巨大蓄水池，在蓄水池的墙壁上和底部会有一些孔洞，当其水源量减少的时候，首先切断的就是与墙壁上的孔洞连接的私家用水，而不会影响与底部孔洞连接的公共建筑的用水。这样就能更好地满足在水源缺乏的时候城市中公共用水的需求（图5-7）。在一些平民居住的地区，无法做到每家每户都有自来水这样先进的设施，城市中的一个街区有一个公共的水源，方便周围居民取水。古罗马城市的污水排放系统为城市的快速发展和居民的生活提供了保障。

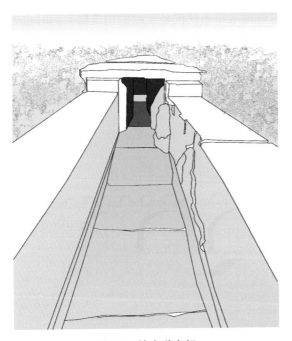

图 5-6　输水道内部

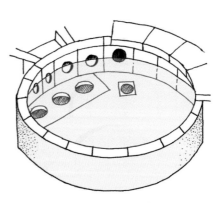

图 5-7　古罗马蓄水池

　　大量的公共喷泉也在这一时期涌现，这些喷泉不仅仅是城市中的景观，也是城市供水的终端。其中比较著名的有特雷维喷泉（Trevi Fountain），又被称为三岔路喷泉，因为这个喷泉位于三条道路的交汇处，是罗马高架渠水道少女输水道（Acqua Vergine）的终点。特雷维喷泉是罗马最大的巴洛克风格喷泉，以巨大科林斯式壁柱的海神宫（Palazzo Poli）为背景，中间立着的是海神，两旁则是水神，海神宫的上方站着四位少女，分别代表着四季，它因此也叫四季少女喷泉（图5-8）。罗马有这样一个说法，只要游客背对着喷泉并用放在左肩上的右手往喷泉里面抛一个硬币，如果把硬币抛进了水池，就有机会再次造访罗马。

这个故事是 1864 年库克组织游客去意大利旅行为了吸引回头客而编写的，一百多年来一直流传至今。隔一段时间游客们丢入喷泉的钱币会被当局收集起来并捐赠给红十字会。

图 5-8　特雷维喷泉

04

军事营寨城

　　古罗马有一种特殊的城市类型我们称为军事营寨城，顾名思义就是罗马帝国在征服其他疆域的过程当中，在许多地方修建军营并安营扎寨，军营中的一些士兵在此定居下来，然后这个营寨慢慢地发展扩大，就形成了我们今天说的军事营寨城。军事营寨城一般都是几何规整的形式，城市中的道路网都是横平竖直的。比较著名的军事营寨城如位于北非附近的提姆加德城（Timgad）。在这个城市当中还保留了大规模的古罗马时期的建筑遗址，城市当中的主干道两侧有柱廊，在道路的端头有凯旋门。提姆加德城当中还布置有剧场等公共建筑，非常宏伟壮观。

　　位于德国卢森堡附近的特里尔城（Trier），在这个城市当中还保留了公元 170 年后用灰色砂岩修建的古罗马城门。由于自然的侵蚀，城门的颜色风化几近变为黑色，又被称为黑门（Porta Nigra）。黑门是阿尔卑斯山以北保存最完好的古罗马城门，也是特里尔城的象征（图5-9）。

图5-9　特里尔城的黑门

05
广　场

　　罗马广场和希腊的一样，是居民社会、政治与经济活动的中心，布局比较自由，一般是长梯形平面，房屋比较零乱，常用柱廊来统一周围的建筑物。广场的四周有鱼、肉等食品市场，交易所和法庭等建筑物，表现出一定的自发性。到帝国时期，皇帝的雕像、巨大的庙宇、法庭、华丽的柱廊占领着广场，使得广场成为帝王的纪念碑。帝王广场的基本构成有凯旋门、雕像广场、巴西利卡等。同时也有一些市民广场，纳沃纳广场（Piazza Navona）位于罗马的中心，游客云集，也是街头艺术家和小商贩的一处宝地（图5-10、图5-11）。

图 5-10　纳沃纳广场的街头表演

图 5-11　纳沃纳广场的街头表演

06
混凝土和拱券结构

　　现代意义上的建筑等同于空间的概念，从这个角度上来说，古罗马建筑的空间表现力和艺术创造力是远超古希腊的。古罗马可以创造体量轻、跨度大的建筑。古罗马的建筑成就如此之高，主要离不开建筑材料的创新和拱券结构的运用。

　　古罗马除了一些常用的建筑材料如大理石和陶土，它还有一种特别重要的建筑材料，这就是产自意大利当地的火山灰。这种火山灰是一种最早的天然水泥，可以用它调成灰浆和混凝土。古罗马的混凝土和我们现代意义的混凝土有一定的差别，它并没有一个很具体精确的成分配比。这种混凝土的成分包括糊状熟石灰、火山灰还有一些骨料（骨料包括一

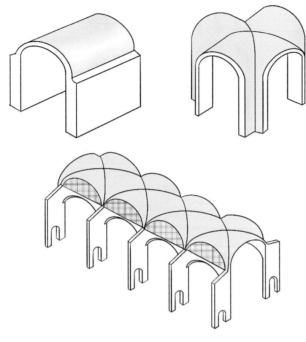

图 5-12 古罗马的拱券结构

些细石或者是陶瓷碎片)。其做法是先用砖石构成形体,然后铺上一层粗骨料,再用干燥的火山灰和石灰的混合物抹在上面,用木槌把混合物捣碎压实。最开始罗马人用这种材料填充墙壁和地基。公元前一世纪时,古罗马人开始探索用混凝土做穹顶,万神庙是古罗马建筑运用混凝土材料创造新型空间的最好例证。

混凝土的使用对于古罗马的城市建设是一次技术上的革命,它完全改变了古罗马建筑的结构体系和空间样式。中世纪的时候,这种古罗马的混凝土技术失传了,直到文艺复兴时期才被建筑师重新启用。

除了使用混凝土以外,古罗马还产生了非常重要的建筑结构上的进步,这就是拱券结构。拱券结构使得古罗马可以创造非常恢宏壮丽的建筑空间。在拱券结构的使用下,古罗马还创造了筒形拱、交叉拱、十字交叉拱、连续十字拱等(图 5-12)。筒形拱把屋顶的重力传递到屋顶下面的承重的墙壁,因此屋顶下面的墙壁一般都做得非常厚。十字交叉拱使得建筑的室内空间连续而恢弘。这些结构技术为古罗马建造巨大的穹顶创造了一种可能,使得建筑的空间更加丰富、多变和复杂。

07
图拉真广场

图拉真是古罗马非常重要的一个皇帝,不仅仅因为他建造了图拉真广场(Forum of Trajan)和图拉真记功柱(Trajan's Column),同时图拉真也是将罗马帝国版图扩张到极限的一代雄主。图拉真 40 多岁的时候被他的上一任皇帝涅尔瓦收养,他的公正和仁爱受到了参议院和人民的爱戴。图拉真获得了元老院赠给他的"最佳元首（Optimus princeps）"的称号。有这样一句话："愿你比奥古斯都更幸运，比图拉真更伟大"，这也反映了人们对于图拉真的崇敬。

图拉真广场建造于公元98—113年。图拉真广场以及图拉真记功柱的建造主要是为了歌颂图拉真帝王的功勋，图拉真是个伟大的军事家，曾远征达契亚（Dacia），也就是今天的罗马尼亚一带。远征达契亚取得胜利之后，他下令建造了图拉真广场，因此图拉真广场有许多作为俘虏的达契亚人的雕像。

整个图拉真广场是一组沿轴线展开的建筑群，主要包括入口处的凯旋门、长方形广场、巴西利卡、图拉真记功柱、希腊文图书馆和拉丁文图书馆、图拉真神庙等（图5-13）。图拉真广场通过纵深的轴线贯穿着大小不一、开合交错的空间，营造出帝王的神秘威严，用以表彰帝国赫赫不可一世的军事战功（图5-14）。入口处的凯旋门上面有图拉真皇帝骑着六匹马拉着的战车的雕像，后面跟着胜利女神。长方形广场的中间的纵横轴线的交叉点上矗立着图拉真的镀金骑马像。

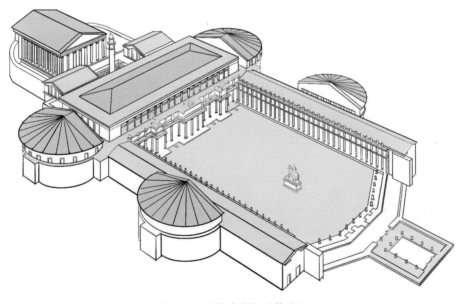

图5-13　图拉真广场总体布局

如今的图拉真广场只剩下一片废墟（图5-15、图5-16），巴西利卡和图书馆等建筑只剩下基础部分。所幸图拉真记功柱完整地保留下来，紧邻图拉真广场的图拉真市场依旧保存相对完整。

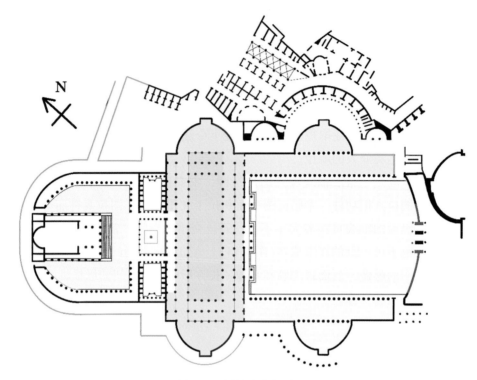

图 5-14　图拉真广场平面

图 5-15　图拉真广场现状(一)

图 5-16 图拉真广场现状(二)

建筑师阿波罗多洛斯

图拉真广场的主要设计者是阿波罗多洛斯(Apollodorus of Damascus,公元 60—129年),他不仅完成了图拉真广场的建设,同时也对图拉真远征达契亚有着非常重要的贡献。在远征达契亚的过程中,阿波罗多洛斯为图拉真及其军队修建了古罗马的渡河大桥,这个大桥修建于公元 103—105 年,用到了当时的混凝土技术。一直到今天,这座跨河大桥还保留着一些桥墩遗址。由于阿波罗多洛斯对热衷建造的哈德良皇帝的建筑计划过多指责,后被处死。

图拉真巴西利卡

图拉真巴西利卡又被称为乌尔皮亚巴西利卡(Ulpia Basilica),乌尔皮亚是图拉真的姓氏。图拉真巴西利卡是用作贸易的长方形的大厅,里面有两圈双层列柱,透过顶层的透空柱廊可以看到后面的图拉真图书馆。巴西利卡屋顶上覆盖着青铜瓦。在图拉真巴西利卡复原想象图当中可以看到建筑表面有非常多华丽的装饰,例如战车、骑马雕像,这是一座为歌颂皇帝功勋的纪念性建筑物。

巴西利卡的建筑形式对后期的基督教建筑也有非常重要的意义。通常认为,当人们从一个长方形的建筑的长边进入的时候，人们更多想到的是穿越。但当人们从一个长方形的建筑的短边进入室内的时候，就会被空间的引导性所吸引。基督教教堂的平面设计正是沿用了巴西利卡这种建筑形式，但是把建筑的入口从长边转向了短边，圣坛在东面，建筑入口在西面，当人们进入教堂会感受到非常强的空间引导性。

图拉真记功柱

图拉真记功柱耸立在一个小小的院子里，院子两边分别是希腊文图书馆和拉丁文图书馆。小尺度的院子中升腾起巨大、粗壮的柱子，这个尺度对比非常强烈，营造出崇拜帝王的氛围感(图 5-17)。

图拉真记功柱净高 30 米，连基座一起总高 38 米。记功柱的高度是阿波罗多洛斯根据周边的奎里纳尔山的原始高度确定的，也就是说图拉真广场是移走了原来山丘的一大半建设而成。

图拉真记功柱有很高的美学价值和历史价值，它是世界上现存的为数不多的表现战争场景的立体画卷。最初图拉真记功柱由彩绘装饰，并且有一些金属附件，随着岁月的侵蚀表面的颜色逐渐褪去。中世纪的时候，图拉真被认为是安抚过基督徒的人，所以这根记功柱被较好地保留下来，其他很多记功柱都被摧毁了。

图 5-17 记功柱

图拉真记功柱是一部形象的战争史，也是世界上最长的战争史的立体画卷。整个图拉真记功柱表面是 24 圈螺旋上升、长达 200 米的浮雕带(图 5-18、图 5-19)。浮雕带从下往上越来越宽，顶部达到了 125 厘米，浮雕带通过纠正视觉偏差来增加记功柱的高耸之感。浮雕带上刻画着图拉真率领军队征服达契亚的战争场景，刻画了 2662 个人物，155 个故事场景，其中图拉真出现了 58 次。浮雕从地理环境、军事装备、战争、民族特征诸方面全景记录了当时达契亚战争的史实。浮雕带从中间的圆圈处把整个战争场景的装饰一分为二，分别记录了第一次战争和第二次战争。图拉真记功柱的底部的浮雕带中的尺度最大的人物就是图拉真，第二圈有图拉真向士兵宣讲的场景。图拉真记功柱的顶部有图拉真征服当时达契亚的首领——德凯巴鲁斯的场景。整个记功柱由 29 块直径 3.7 米的圆柱形的石头拼接而成，工匠拼接完成之后再在记功柱的外表面装饰和雕刻。

图 5-18 记功柱浮雕带(一)

图 5-19 记功柱浮雕带(二)

图拉真记功柱旁边的两座图书馆都设计了二层的门廊，方便观众可以登上二楼观看战争场景的叙事过程。观众也可以站在柱子下方的两个特定位置看到战争场景的关键部分。

图拉真记功柱的底部基座里曾经放有图拉真和皇后的骨灰，正方形基座的四面都有关于征服达契亚民族战争的相关描述(图5-20)。记功柱柱体之内是中空的,从基座进去室内,有185级螺旋楼梯直通柱顶的观景平台(图5-21),柱顶的图拉真雕像已经换成了圣彼得雕像(图5-22),这个手拿四叶草钥匙的雕像是在1587年由教皇西斯笃五世(Sixtus V)

图5-20 记功柱底部

图5-21 记功柱顶部景观平台

图 5-22 记功柱顶部

放置在此的。图拉真记功柱有一个 1：1 的一个复制品，保存在当今伦敦的阿尔波特博物馆里。

两根记功柱

在古罗马的城市建设当中，记功柱是一种常见的纪念帝王功勋的一种建筑物。我们在今天罗马城当中还能看到两根记功柱：图拉真记功柱、奥勒留记功柱（Column of Marcus Aurelius）。两根记功柱相距不是太远，但两根记功柱区别较大。

两根记功柱的建筑周边的环境不同，图拉真记功柱是在图拉真广场的附近，是中世纪房屋的残垣断壁，是损毁严重的图拉真广场的废墟，旁边有埃曼纽尔二世纪念碑（Victor Emmanuel Ⅱ Monument）和像是复制品的两座双子教堂。奥勒留记功柱坐落在四周是相对连续完整的建筑物围合而成的广场中间。

两根记功柱的表达意义不同，奥勒留记功柱表现的是古罗马皇帝被动征战的场景，而图拉真记功柱表现的是古罗马皇帝主动远征达契亚的场景。

两根记功柱上浮雕的表达方式不一样，奥勒留记功柱使用了镂空雕，通过人物的痛苦表情的刻画，奥勒留记功柱表现出战争的残酷，同时，浮雕带中刻画的人物是面向观众。奥勒留记功柱的顶部的奥勒留雕像被换成了圣保罗像。而图拉真记功柱是浅浮雕，更多地表现出雄赳赳的征服的气势，浮雕带中刻画的人物是彼此相望，没有和观众互动。

图拉真市场

图拉真市场虽然并不属于图拉真广场的建筑群，但是它和图拉真广场有着紧密的联系。这个市场是建筑师阿波罗多洛斯平整奎里纳尔山并且设计修建了图拉真广场以后，在奎里纳尔山的剩余部分修建了图拉真市场（Trajan's Market）（图5-23）。今天这里可以看到古罗马时期建造的连续十字交叉拱结构的拱顶遗址（图5-24）。图拉真市场的拱廊由混凝土浇筑而成，使得光线充分进入市场内部空间，体现了古罗马时期高超的建筑成就。这个弧形建筑容纳了150多间店铺和两条街道，被认为是世界上最古老的多层购物中心。

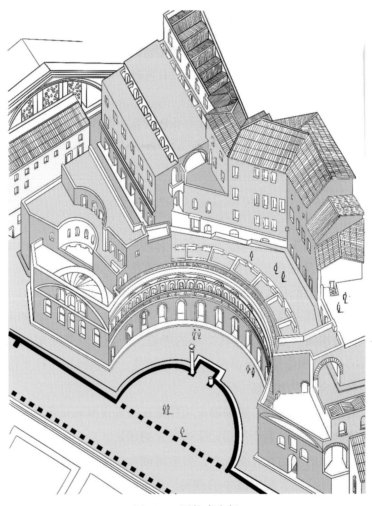

图5-23　图拉真市场

图 5-24　图拉真市场现状

08

大斗兽场

　　斗兽源自古罗马古老的丧葬仪式，在这种丧葬礼仪式中会进行角斗士的表演，以体现古罗马人所推崇的战斗与死亡精神。古罗马的大斗兽场由韦斯帕芗皇帝(Vespasian)下令修建，为取悦凯旋的士兵将领、歌颂伟大的古罗马帝国而建造，因此大斗兽场又被称为韦斯帕芗圆形剧场(Vespasian)(图 5-25)。韦斯帕芗皇帝在大斗兽场未完成时去世了，他的儿子提图斯继续父亲的遗愿完成了该建筑。大斗兽场建在尼禄皇帝的御花园"金宫"之上，这个宫殿在公元 64 年发生的罗马大火中被烧毁。这也是罗马城"层层叠叠"非常经典的案例之一。"金宫"曾经是一片湖，湖边建有高约 37 米的尼禄镀金铜像，古罗马人叫它巨大金像，大斗兽场的英文名称"Colosseum"因此而得名。一直到 19 世纪它都是全球最大的圆形剧场，被誉为世界建筑七大奇迹之一。

图 5-25　大斗兽场

　　古罗马的斗兽场和古希腊的竞技场多为椭圆形的大型建筑，是城市中的人流聚集的场所。但是它们存在着诸多不同。从建筑技术的角度上来说，古罗马的混凝土和拱券技术使得斗兽场可以在平地上建造，而古希腊的竞技场大多需要依山而建；从建筑的使用上来说，古罗马的斗兽场主要是为再现战争的残酷，表演区的人多为奴隶或者平民，所进行的活动多是血腥而残酷的，而古希腊的竞技场上表演的多是有身份的人，所进行的活动多是和运动相关的跳远、投掷等。

　　大斗兽场是通往残酷死亡的角斗舞台，也是通往权力巅峰的政治秀场，这里充斥着原始野蛮的血腥屠杀，也回荡着贵族皇室的欢声笑语。它是罗马帝国权力与统治的标志，也是皇朝由盛转衰的导火索。有这样一句话，只要罗马大斗兽场还耸立着，罗马就巍然不动，一旦大斗兽场倾塌了，罗马也就倒下，一旦罗马倒下世界也就完了。

引水成湖

　　大斗兽场在设计之初容量为 5 万名观众，实际上它可以容纳 8 万人之多，相当于两倍的上海虹口足球场容纳的人数量。中央的表演区可以引水成湖，公元 248 年，为庆祝罗马建成，人们曾引水成湖、表演海战。人们通过考古发现大斗兽场的旁边曾经有一个巨大的蓄水池，通过高架水渠从城外源源不断地引水到大斗兽场的蓄水池当中，半个小时之内大斗兽场的中央表演区便可蓄满，水也可以快速退去。

结构和材料

大斗兽场采用古罗马的混凝土的筒形拱和交叉拱结构，根据结构的构件受力情况，合理选用不同材料。大斗兽场的主要承重体系由料石砌成，基础部分用坚硬的火山石混凝土材料，墙壁用凝灰岩混凝土，拱顶则用轻石混凝土，拱顶和上面的内墙部分应用了自重较轻的混凝土，在混凝土的外表面使用灰华石制成的柱子、台阶、檐口和席位等装饰饰面。今天从远处看大斗兽场，它的外表面有大小小的孔洞，这也是由于灰华石随着岁月的侵袭出现的腐蚀和孔洞疏松(图 5-26)。

图 5-26　大斗兽场外表面

外立面的分层叠柱式

大斗兽场的外立面无疑是古罗马建筑的集大成者，全长 600 米的外立面连绵不绝、浑然一体，其分层叠柱式秩序和成熟的券柱式造型是后期建筑师纷纷效仿的典范。它在不同的部位使用了四种不同的柱式。朴实健壮的塔斯干柱式位于建筑的最底层(图 5-27)，让人感到它们在有力地支撑着上面巨大的重量。第二层的爱奥尼柱式优雅地举起大斗兽场的上半部分(图 5-28)。第三层是科林斯柱式，它们华贵的仪态使大斗兽场充满生机，就像花环一样缠绕在大斗兽场的顶部(图 5-29)。第四层建筑重复使用科林斯柱式，但是圆形的柱子换成方壁柱，形成更加富有变化的外表面装饰(图 5-30)。

图 5-27　大斗兽场的塔斯干柱式

图 5-28　大斗兽场的爱奥尼柱式

图 5-29　大斗兽场的科林斯柱式

图 5-30　大斗兽场顶部的方形壁柱

遮阳棚

　　大斗兽场原始的设计当中设有可以避免日晒的遮阳棚，遮阳棚是麻布材料，分成各个独立的片片并单独收放。天棚通过建筑顶部的竖立木杆、绳索、滑轮与地面上的石墩进行连接，通过人工转动的绞盘控制顶部遮阳棚的收放。每一个操作工人都能够很好地配合，以保证每一片遮阳棚以相同的速度同时收放(图5-31)。如今遮阳棚等构件已经在历史中消逝了，只留下一个个带有圆孔的石墩还可以让我们回想起当年的辉煌。

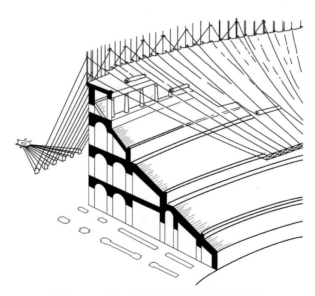

图 5-31　大斗兽场顶部可以收放的遮阳棚

疏散与分区

大斗兽场的疏散是现代建筑的典范。大斗兽场的平面是一个长椭圆形(图5-32),长轴的直径为189米,短轴的直径为156米,每个区都有直接通往场外的楼梯和通道,共有80个疏散口,以此保证在表演结束的初始时,可以快速地疏散人群。

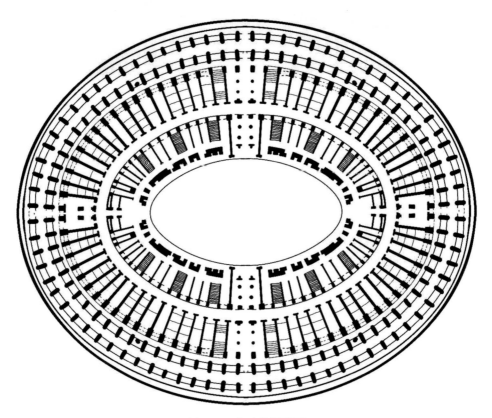

图 5-32　大斗兽场平面

整个大斗兽场的座位上下分为五个区(图5-33)。最下面的靠近中央表演区的是贵宾区,供元老长官、祭司等使用。第二层供贵族使用,第三层供富人使用,第四层则为普通公民使用,最上面一层是给妇女使用,全部都为站席。大斗兽场的中央表演区的高度比第一层的看台低5米,舞台上铺满细沙,用以吸收表演中流淌的鲜血。中央表演区的地下部分是演出竞技和角斗的后台,有更衣室、武器库、野兽的牢笼和陈尸的太平间。这些用来关角斗士以及野兽的房间用厚厚的混凝土分隔。在地下室纵横交错的通道走廊上还有30多个凹进墙中的壁龛,那是安装升降机的地方,将角斗士和野兽运上"沙场"。

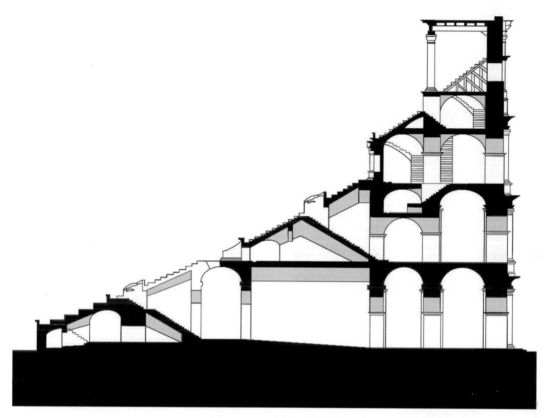

图 5-33　五个分区的座位

保护与修复

　　大斗兽场如同饱经风霜的老人，历史演变异常坎坷。公元 64 年大斗兽场在罗马的一场大火中被毁；公元 217 年又遭到雷击破坏；公元 523 年斗兽被禁止；在文艺复兴初期被用作斗牛场，同时也曾被当作一家医院；后来被用作采石场，加速它的衰败；之后还作为纺织厂、火药厂；在中世纪的时候，大斗兽场成了圣者受难的标志而成为圣地被保护起来。19 世纪的时候大斗兽场历经了三次重要的修复，包括修复它外环的东端（图 5-34、图5-35）、西端（图 5-36）以及内环的南侧（图 5-37）。三次修复的观念和修复的手法都不尽相同，表现了不同历史时期对于建筑修复的前沿观点和手法，对于现今的建筑保护有着很好的借鉴意义。这三次修复使得大斗兽场不仅仅是一个恢宏的建筑奇迹，更是一部浓缩的建筑保护和修复史。

图 5-34 外环东端的修复现状(一)

图 5-35 外环东端的修复现状(二)

图 5-36 外环西端的修复现状

图 5-37 内环南端的修复现状

09
公共浴场

  古罗马人非常喜欢洗澡，在共和时期古罗马仿效古希腊建造了很多的公共浴场。这些公共浴场不仅承担洗澡的功能，同时把运动场、音乐厅、图书馆等地的多种用途组合在一起，成为一个多功能的建筑群。在帝国时期，古罗马的皇帝为了笼络退伍老兵等无业游民，壮大自己的政治力量，竞相修建浴场。古罗马城当时可以容纳千人以上的大浴场有 11座，小浴场有 856 个。

  在 4 世纪初，罗马城的浴场有 1000 余座。浴场成为城市中非常重要的公共建筑，质量得到迅速提升，成为空间最为丰富的建筑类型。古罗马的浴场将古罗马的建筑技术和艺术水平提升到一个全新的高度。

  古罗马人的洗澡是分步进行的，从古罗马浴场布置的形制当中可以推断出当时人们洗澡的大概流程。古罗马浴场是一组建筑群，里面有游泳池、体育场、更衣室、冷水浴室、温水浴室、热水浴室等建筑。古罗马浴场的内部装饰非常精美，在巨大的穹窿顶下洗澡、交流和运动是一种非常奇妙的体验。

阿格里帕浴场

  古罗马的阿格里帕浴场(Baths of Agrippa，公元前 21 年)作为第一个大规模的浴场综合体，也是最早在城市当中把洗澡、政治、文化等集合在一起的大型综合建筑群。阿格里帕(Marcus Vipsanius Agrippa，公元前 63—前 12 年)是古罗马伟大的军事家，也是无私的政治家，他是奥古斯都的重要合伙人。阿格里帕浴场由于建造时间比较久远，人们已经很难看到浴场的全貌。它建造的地点大致在万神庙附近。在今天的罗马城中可以看到阿格里帕浴场当时遗留下来的一点点壁龛、柱式和雕像等。

卡瑞卡拉浴场

  卡瑞卡拉浴场是一处非常重要的古罗马建筑遗址，这是卡瑞卡拉皇帝在位时修建的重要建筑之一。卡瑞卡拉是古罗马非常重要的一位皇帝，他信奉的原则是越大越好，所以他在位的时候修建了当时古罗马城最大的一所浴场。这个浴场可以容纳1600个人同时洗澡，一天可以容纳8000人共浴。卡瑞卡拉的父亲希望自己的两个孩子能够共同治理国家，但是卡瑞卡拉出于嫉妒谋杀了他的兄弟盖塔（Geta），并且让当时罗马元老院发布了除忆诅咒，卡瑞卡拉因此也成为当时罗马的唯一统治者。

卡瑞卡拉浴场位于罗马城的南部，它和罗马城北部的戴克里先浴场有着相似的布局，都是建筑物的周边一圈商业区，浴场的主体建筑中轴对称，建筑群中轴线上布置冷水浴、温水浴、热水浴等功能房间，另外在主体建筑的一侧会布置运动场、图书馆（图5-38）。卡瑞卡拉浴场的热水浴室是一个圆形的穹顶，卡瑞卡拉希望能把古罗马万神庙的穹窿顶的建筑样式运用到它的浴场当中，于是就在热水浴室上建造了一个圆形的穹顶。

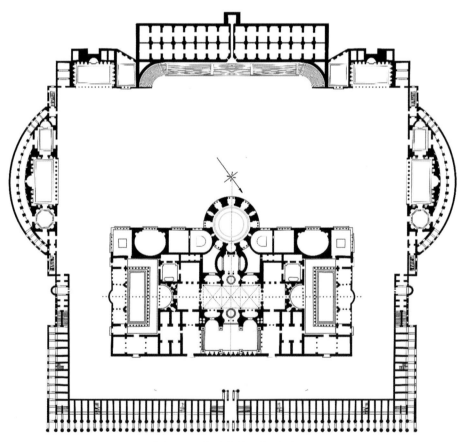

图5-38 卡瑞卡拉浴场总平面

从 1756 年皮拉内西(Giovanni Battista Piranesi，公元 1720—1778 年)的绘画当中，我们可以非常清楚地看到卡瑞卡拉浴场总体平面布局形式。卡瑞卡拉浴场建筑周边布置有赛车场、俱乐部、讲演厅、图书馆，还有运动场和阶梯式看台。建筑后面是一个大的蓄水库，蓄水库可以把远处的水源引进浴场，该水库的容量可以达到 33000 立方米。

公元 5 世纪的时候，古罗马人在城市中修建了 11 条输水道，卡瑞卡拉的浴场通过玛利亚输水道和安东尼亚输水道将距离罗马 100 千米的萨比卡泉水运送到城市当中。卡瑞卡拉浴场的建筑底部有巨大的蓄水池，被分为 18 个隔间。8 万立方米的热水通过管道运输、穿过花园到达热水浴室，同时设置隧道系统方便检查和维修(图 5-39)。

图 5-39 卡瑞卡拉浴场底部加热系统

卡瑞卡拉浴场入口处有一个巨大的名人墙，上面雕刻有一些著名运动员和其他知名人士，卡瑞卡拉将自己以大力神的形象雕刻在柱头上。

整个卡瑞卡拉浴场建筑的面积尺寸是 412 米长，393 米宽。整个建筑群以非常华丽的室内而闻名，墙壁地板上装饰有马赛克，还有众多的喷泉和雕像(图 5-40)。

如今卡瑞卡拉浴场已然成为一片废墟(图 5-41)，屋顶都已不复存在，但卡瑞卡拉浴场依然是现存古罗马保存得最完整、规模最大的一座浴场。我们还依稀可以窥见这个浴场曾经的辉煌。美国建筑师路易康曾经造访卡瑞卡拉浴场，感叹道："我们在约 2.4 米以下的天花下洗浴没有问题，但是若在 45 米以下的天花下洗浴则将造就一种完全不同的体验。"

卡瑞卡拉浴场为我们了解古罗马的浴场建筑的功能布局，以及当时浴场建筑的建筑结构和建筑技术提供了范本。

图 5-40 卡瑞卡拉浴场室内复原想象图

图 5-41　卡瑞卡拉浴场遗址

戴克里先浴场

戴克里先浴场(Baths of Diocletian，公元 298—306 年)和卡瑞卡拉浴场一样采用中轴线布局，有诸多相似之处，而戴克里先浴场的热水浴室采用的是十字交叉拱。

今天的戴克里先浴场已经被改造得面目全非，它有的部分被改造成了教堂，有的部分被改造成了考古博物馆，它的看台部分成了城市连续界面的非常重要的一个组成部分。

三座浴场比较

阿格里帕浴场、卡瑞卡拉浴场和戴克里先浴场都是古罗马时期非常重要的浴场建筑，曾经和古罗马的城市生活紧密地融合在一起。现今它们和城市生活的融入方式不太一样，阿格里帕浴场基本上已经不复存在，只留下了一些断壁残垣。卡瑞卡拉浴场保留相对完整，整个浴场还呈现了当年恢宏的建筑成就。戴克里先浴场已经随着历史的演变在建筑群中融入了不少新的功能，如博物馆和教堂等。这三座浴场从不同角度体现了罗马人对于建筑遗产保护的不同态度和措施(图 5-42)。

图 5-42　三座浴场比较

　　总的来说，浴场建筑是古罗马建筑当中功能和空间最复杂的一种类型。浴场建筑规模宏大、空间流转、复杂多变、结构出色。冷水浴室、温水浴室、热水浴室等三个大厅串联在一条轴线上，充分发挥了古罗马的连续十字拱的结构优势，开创了古罗马建筑内部空间序列的设计手法。

10

万神庙

　　现在普遍认为罗马万神庙（Pantheon）是在屋大维的督促下完成建筑的地基部分，主体建筑是在哈德良督促下建造的。万神庙外观朴素，圆形神殿的室内空间浑圆天成、恢宏壮阔、气象万千，是古罗马建筑的巅峰之作，是罗马宗教的最重要的代表，完美体现了罗马多神教的宗教观。这种圆形神殿的屋顶形式从文艺复兴一直到近代都被许多建筑所采用，佛罗伦萨的圣母百花大教堂的穹顶受到了万神庙的穹顶的影响，弗吉尼亚大学礼堂、清华大学大礼堂、武汉大学理学院等建筑都和万神庙的形制有类似的地方（图 5-43）。万神庙作为最大的无钢筋混凝土穹顶的世界纪录一直保持了两千年。文艺复兴三杰之一的拉斐尔永眠于此。

图 5-43　清华大学礼堂

被皇帝耽误的建筑师

哈德良是五贤帝之一，他非常热衷于建筑设计，是一位被皇帝耽误的建筑师。他曾经修建了横贯东西的哈德良长城（Hadrian's Wall）、以弗所（Ephesus）的图书馆、罗马东边的蒂沃利离宫（Hadrian's Villa at Tivoli）、圆形的圣天使堡（Castel Sant'Angelo）等著名的建筑。

哈德良皇帝是一位热爱希腊文化的统治者，所以他在修建万神庙的时候将古希腊神庙的立面和圆形神殿相结合，形成了万神庙今天的外观样式。

建筑总体布局

万神庙建筑的前面原先是一个庭院，如今被改造成了一个广场，广场中心矗立着一个喷泉，这是古罗马最早建造的城市喷泉之一，喷泉水来自少女输水道（Acqua Vergine）。喷泉的中心有一个高约 6 米的马库泰奥方尖碑（The Macuteo Obelisk）（图 5-44），方尖碑是古埃及拉美西斯二世修建的，喷泉底座有四组面具和海豚的雕像。1711 年教皇克莱门特十一世将方尖碑移至此，并在顶部装饰了具有象征教皇阿尔巴尼家族（Albani family）的徽章青铜做的星星。

万神庙的建筑分为两个部分，分别是圆形的神殿和前端的长方形门廊（图 5-45）。它的门廊共有 16 根柱子，分成 3 排，外立面是 8 根科林斯柱式，后面 2 排各有 4 根科林斯柱式。入口大门的两侧设有 2 个圆形神龛。

整个万神庙内部净高有 43 米，穹顶的最宽处也是 43 米，这就意味着万神庙的室内空间恰好可以容纳一个直径 43 米的球体（图 5-46），穹顶覆盖下的室内空间气势恢宏，成为万神庙最显著的特征。

图 5-44　万神庙前面的方尖碑

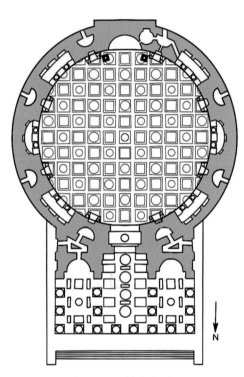

图 5-45　万神庙的平面

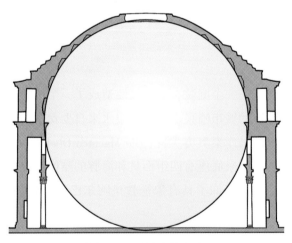

图 5-46　万神庙的室内

建筑意义

万神庙的选址有多方面的含义。一方面，这里被认为是罗穆路斯升天之所。另一方面，这座庙宇也表示了古罗马人对于诸神的崇拜，这里供奉着各路神灵，是名副其实的"万神"庙。在万神庙的外立面上（图5-47），我们可以看到一排铭文："M. AGRIPPA. LF. COS. TERTIVM. FECIT"。意为："吕奇乌斯的儿子，三度执政官马库斯·阿格里帕建造此庙。"通过分析构成圆形大厅的砖块上的印记，大多数历史学家都确信万神庙是由哈德良建造的，而不是像铭文所暗示的那样，是阿格里帕统治时期建造的。

图 5-47　万神庙的外立面

材料与结构

万神庙整个建筑的内部运用了古罗马的混凝土，今天我们还可以辨认出万神庙的外立面的材料，底部是砖块，中间是混凝土。外立面上的孔洞被认为是原来的一些装饰构件被去除后留下的，也有用于支撑脚手架和框架的孔洞（图5-48）。

万神庙的室内气势恢宏、浑然一体，外观却非常朴素。从外观上可以非常清楚地看到它的结构和材料的样式。万神庙的基础和墙壁是石灰华和凝灰岩，顶部是火山灰，拱顶是用叠涩砖和浮石作为填充材料的混凝土混合筑成。为了减轻建筑穹顶以及墙壁的自重，在周围的墙壁上挖了7个壁龛和8个垂直封闭的空洞（图5-49）。

图 5-48　万神庙外部

图 5-49　万神庙室内

万神庙的圆形神殿约 6 米厚的墙壁，内部并非全部填实，而是通过相邻的半圆形的拱门互相抵消侧推力，同时也可以减轻墙壁内部的自重。万神庙的内部有很多的空腔和壁龛，穹窿内的每个神龛后面都有拱来承担并传递重量，在减轻墙壁自重的同时形成壁龛空间。我们从万神庙的外立面上也可以非常清晰地看到它内部的构造样式——互相抵消侧推力的半圆形拱。

穹顶与天窗

万神庙的穹顶由无钢筋的混凝土浇筑而成，建造时内部使用脚手架系统。穹顶越接近顶部厚度越薄，底部厚 6 米，天眼处厚 2.3 米。圆形穹顶的外部设计了 7 个混凝土圆环，在穹顶的一半高度时穹顶的跨度和直径逐渐减少，直到它过渡到一个光滑的圆形线。

穹顶的室内装饰有 140 个矩形凹龛，一方面这些凹龛可以减轻自重，另一方面 140 个矩形凹龛分成 5 排，每一排的宽度是由底到顶逐渐变窄，这样使得从室内观看建筑时增加了整个穹顶纵深方向的透视感(图 5-50)。

图 5-50　万神庙室内

万神庙穹窿顶部的正中间有一个直径 8.9 米的天窗(图 5-51)，既减轻穹窿的自重，同时也解决了照明的问题，成为整个建筑内部唯一的光源。阳光通过天窗射入室内形成一个巨大的光斑，光斑随着时间的变换在建筑内部游走移动，建筑内部空间浑然一体。

万神庙的室内空间是文艺复兴时期许多建筑绘画描绘的对象。帕尼尼(Giovanni Paolo Panini)绘制的 *The Interior of the Pantheon*，精确的空间透视将万神殿内宏大的空间深度、照映下来的光影效果描绘得相当写实逼真，画面下方的人的尺度比例将建筑烘托得崇高又壮观。

尽管万神庙的穹顶是一项非常重要的技术和成就，但是它的艺术表现力并没有充分在外立面上表现出来。一直到文艺复兴时期，建筑师才把这种穹顶的艺术表现力充分地发掘出来，将建筑构造和建筑艺术充分地结合，穹顶从外观看上去变得饱满，成为建筑艺术表

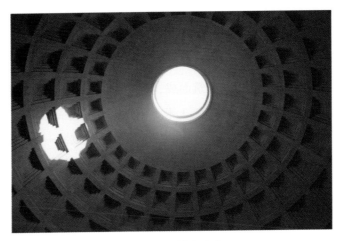

图 5-51 万神庙室内

现形象的一个重心。

通过观察万神庙的建筑艺术形象，我们不难看出西方人在追求穹顶建造的过程当中是不遗余力的，从古罗马的万神庙到拜占庭的圣索菲亚大教堂，再到佛罗伦萨的圣母百花大教堂、巴黎的残废军人教堂和巴黎万神庙，穹顶外观从最开始的比较扁平朴素的艺术形象，到最后饱满高耸的穹顶，穹顶的建筑构造和建筑艺术得到了充分融合并最终达到高潮(图 5-52)。

图 5-52 穹顶的演变

两个"Pantheon"

古罗马的万神庙和古希腊的帕特农神庙英文名字都是"Pantheon"，它们分别是古罗马和古希腊建筑的巅峰之作，其差别还是非常明显。古罗马建筑的艺术表现力是在建筑室内，它是一个空间艺术品，而古希腊神庙的艺术表现力主要是在室外，它几乎相当于一座雕刻品。

11

君士坦丁凯旋门

君士坦丁大帝（Constantinus I Magus，公元272—337年）称号的来由有多方面的原因，一方面是因为他的政治变革和他对于基督教的支持，另一方面在于他建立了君士坦丁堡。君士坦丁作为政治变革推动者的地位延伸到了艺术和建筑领域。君士坦丁凯旋门（Arch of Constantine）是君士坦丁大帝统治时期给艺术带来思想和风格变化的一个极好的例子，展示了古罗马皇帝对帝国艺术和建筑形式的传承和坚持。通过君士坦丁大帝在钱币上的头像的变更，我们可以看出君士坦丁的政治道路的变换，他从一开始倾向于模仿先祖的共治帝的形象，一步步演变到统治后期他对于基督教的大力支持。

对于君士坦丁凯旋门的建造者还有很多争议，很多学者认为他不应该被称为君士坦丁凯旋门，因为建筑上面有图拉真、哈德良、奥勒留时期留下的许多雕刻和装饰。凯旋门的材料和各部分似乎是拼凑的。然而从建筑形态上看，君士坦丁凯旋门是古罗马建筑中三券构图的典范，具有非常纯正的罗马风格，它彻底摆脱了古希腊建筑的影响，真正体现了古罗马建筑的豪放华丽、气势磅礴的风格特点（图5-53）。

君士坦丁凯旋门位于罗马的凯旋之路上，该路位于罗马七丘当中的两座山峰之间，因此古罗马胜利的游行队伍会先经过君士坦丁凯旋门，再转弯穿过罗马广场。君士坦丁凯旋门、提图斯凯旋门（图5-54）、塞鲁维凯旋门都坐落在这条凯旋之路上，其中提图斯凯旋门属于单券构图凯旋门。

图 5-53 君士坦丁凯旋门

图 5-54 提图斯凯旋门

　　君士坦丁凯旋门的南侧有图拉真、哈德良以及奥勒留时期的雕像。它顶部的四个人物被认为是达契亚的囚犯。达契亚人辨识度比较高，从他们的流苏披肩装饰、胡须和长发当中可以看出他们并不是罗马人（图 5-55）。另外还有雕像刻画了诸多以皇帝为主题的场景（图 5-56、图 5-57），其中有哈德良外出狩猎的宏大场面（图 5-58）。

图 5-55　君士坦丁凯旋门细节（一）

图 5-56　君士坦丁凯旋门细节（二）

图 5-57　君士坦丁凯旋门细节(三)

图 5-58　君士坦丁凯旋门细节(哈德良狩猎)

　　君士坦丁凯旋门是世界上无数凯旋门的典范，在巴黎(图 5-59)、比利时的布鲁塞尔等地区都可以见到类似的三券构图样式的凯旋门。

图 5-59　巴黎凯旋门

12
小　结

　　古罗马是西方奴隶制发展的最后时期，幅员辽阔，武力强盛，史无前例。古罗马的建筑与艺术特征具有鲜明的阶级性。从建筑空间的角度上来说，古罗马比古希腊的建筑往前迈了一大步。他从希腊建筑当中传承并发扬光大，随着建筑材料、建筑结构和建筑技术的进步，逐渐形成自己独特的风格。与古希腊相比，古罗马的建筑在空间上的艺术表现力上是无与伦比的，通过对天然混凝土和拱券结构的应用，为古罗马创造一系列有序的精彩空间打下了基础，为巨大的建筑物提供了有利的技术条件。这些宽广、灵活的内部空间将古罗马建筑发展带到了崭新的高度。

文艺复兴建筑艺术(上)

——伟大的变革

01
引 子

　　如果用四个字来概括文艺复兴，这就是群星灿烂。在这样一个文艺复兴的时代，有很多的艺术家，包括建筑师、雕刻家、画家都做出了非常高的成就和贡献。意大利是文艺复兴运动的发祥地和最典型的代表，从公元 14 世纪开始，一直延续到 18 世纪，恩格斯曾高度赞扬这个时代，他说道：教会的精神独裁被摧毁了，这是人类从来没经历过的最伟大的，进步的变革，是一个需要巨人并且产生了巨人——在思维能力、热情和性格等方面，在多才多艺和学识渊博等方面的 ·个巨人的时代。

　　"文艺复兴"（Renaissance）一词的原义是再生。早在文艺复兴时期，意大利的艺术史学家瓦萨里在他的《绘画、雕刻、建筑名人传》当中，就用再生这个词来概括整个时期的文化活动的特点。实际上，这也反映了当时人们的一个普遍见解：认为文学、艺术和建筑在希腊罗马的古典时期曾经高度繁荣，而到了中世纪却衰败了，直到这时才获得了再生和复兴。那时，人们赞扬一个诗人或者艺术家的时候，会说他的作品像古典时期的作品那样好。

　　在文艺复兴时期出现了新的原则、新的语言、新的类型、新的科学和新的职业。这个时候建筑师从中世纪的工匠当中分离出来，成了专门的职业，他们同时也会是画家或者雕刻家。在文艺复兴时期，教堂建筑也退到了次要的地位，世俗建筑物成了建筑创作的主要对象。

　　文艺复兴分为两条线索，分别为意大利的文艺复兴和法国的文艺复兴。文艺复兴最早产生于公元 14—15 世纪的意大利。在中世纪的欧洲，意大利一直是以城市繁荣工商业活跃而著称。中世纪的晚期，意大利的北部若干城市因为从事东西方之间的中介贸易而成为经济贸易的中心。公元 14 世纪，除了商业贸易和高利贷外，还在这些城市中出现了最早的资本主义的萌芽。

　　马克思曾经指出：资本主义的最初萌芽在 14、15 世纪已经可以在地中海沿岸的若干城市当中看到。这里所指的若干城市，主要就是指意大利的佛罗伦萨、威尼斯、热那亚和米兰。

　　意大利城市的新兴资产阶级要求在观念上反对封建制度的束缚和教会的精神统治，以新的世界观推翻神学、经院哲学以及僧侣主义的世界观。这种新的世界观支配文学、艺术以及科学技术的发展，汇成生气蓬勃的文艺复兴运动。

反封建、反教会的斗争使得这时期的资产阶级知识分子转向古代。古典的著作和艺术品成为典范，一时期引起各行各业对于古典文化的崇拜。在建筑创作中，对古典的崇拜又表现为柱式重新成为大型建筑物造型的主要手段。古罗马的建筑遗迹被详细地测绘研究，维特鲁威的《建筑十书》又被搜寻出来，成为神圣的权威。

意大利的文艺复兴主要包括四个阶段，以佛罗伦萨为代表的早期文艺复兴（公元 15 世纪），以罗马为代表的盛期文艺复兴（公元 15 世纪末到 16 世纪初），晚期文艺复兴（公元 16 世纪中叶和末期），以及巴洛克时期（公元 17 世纪以后）

位于意大利中部平原的佛罗伦萨又名翡冷翠，这里有着悠久的历史，阿诺河贯穿佛罗伦萨老城，河上有四座上百年历史的老桥（图 6-1）。13 世纪的时候佛罗伦萨的经济发达，纺织品远销欧洲各地，银行家也从欧洲各地吸取了高利贷的利润，同时佛罗伦萨也不受教皇管制，社会安定繁荣，这是最早产生资本主义生产关系的城市之一，作为中世纪向近代资本主义过渡时期，新文化新思想的文艺复兴的曙光在这里最先升起。无数杰出的人才像灿烂群星，出现在佛罗伦萨，如天才艺术家达·芬奇、艺术巨匠米开朗基罗、艺术家拉斐尔都曾经在这里做出过非常杰出的成就。

图 6-1　阿诺河上的桥

02
圣玛利亚大教堂的穹顶

圣玛利亚大教堂又名圣母百花大教堂，圣玛利亚大教堂的穹顶是意大利早期文艺复兴的典型代表作品，它的设计者是菲列波·伯鲁涅列斯基(Filippo Brunelleschi)。佛罗伦萨在造就一代天骄的同时，还给世界文化留下了价值连城的建筑遗产。伯鲁涅列斯基在追求开朗亲切的建筑风格的同时，设计了中央穹顶(图 6-2)。

图 6-2　圣玛利亚大教堂的穹顶

圣玛利亚大教堂是在公元 9 世纪左右建造的，这个大教堂的设计者兼最初的建筑师是坎比奥(Arnolfo di Cambio)。1300 年前坎比奥设计突破了中世纪教会的禁忌，把东部的歌坛设计成集中式的八边形，对边宽度 42 米。伯鲁涅列斯基为了使这个大穹顶控制全城，在穹顶的下方加了一个 12 米高的八角鼓座，大穹顶的外直径达 44 米，本身高 30 多米，从外面看去，像是半个椭圆，以长轴向上，成为城市的标志(图 6-3)。

图 6-3　佛伦伦萨城市全景

　　参与建设圣母百花大教堂的总工程师有很多，其中比较著名的有乔托迪·邦多纳（Giotto di Bondone），他设计完成了圣玛利亚大教堂的钟塔部分（图 6-4），伯鲁涅列斯基完成了圣玛利亚大教堂的中央穹顶，洛伦佐·吉贝尔蒂（Lorenzo Ghiberti）完成了圣玛利亚大教堂的天堂之门。

　　圣母百花大教堂的建筑群由大教堂、钟塔和洗礼堂三个部分组成。这三个部分构成的经典组合是罗马风时期的代表（图 6-5）。洗礼堂被认为是佛罗伦萨最古老的建筑之一，它建于 1059 年到 1128 年期间，最早被认为是献给战神马尔斯（Mars）的神庙，马尔斯是佛罗伦萨的守护神。洗礼堂是一个八边形的建筑物，从外观看上去，洗礼堂、钟塔、大教堂的西立面（图 6-6），都是具有典型中世纪风格的建筑。

图 6-4　圣玛利亚大教堂的钟塔

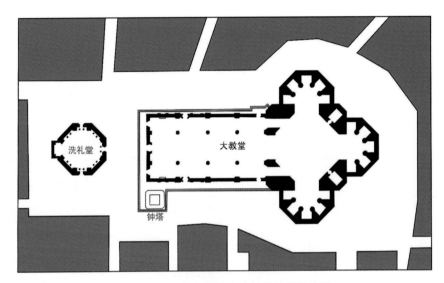

图 6-5 圣母百花大教堂建筑群的总体布局

图 6-6 圣母百花大教堂的西立面

吉贝尔蒂完成了洗礼堂的北门以及东门的制作。东门采用了透视原理和多层次的浮雕来营造空间感，非常逼真。米开朗基罗把这个门称为天堂之门，吉贝尔蒂自己也认为这件作品是他前所未有的杰出作品，同时他把自己的头像也雕刻在天堂之门当中。

从空中鸟瞰整个大教堂，最引人注目的就是中央大穹顶，它突破了教会的禁忌，在立面上超越了教堂的西立面，成为视觉的中心，形成一个饱满的、长轴向上的一个长椭圆形。在1365年佛罗伦萨的西班牙小教堂当中，人们就已经描绘了圣玛利亚大教堂外观的形状，希望这幅绘画成为未来大穹顶的样式。通过比较可以看出壁画中的意向与后来建成的圣玛利亚大教堂的中央穹顶并没有太大区别。

这个 13 世纪留下来的未完成的建筑物，一直剩一个八角形平面的大屋顶无法进行建造。1367 年的模型被当作圣物一样供奉在那里，如何把它转化为现实呢？1418 年 8 月，佛罗伦萨市政府公开征集能够设计并建造大教堂主穹顶的方案。伯鲁涅列斯基最终胜出，成为总建筑师。

伯鲁涅列斯基是一个非常伟大的建筑师，但他本来的工作是在佛罗伦萨从事工匠设计。在乔尔乔瓦萨里（Giorgio Vasari）的《艺术家名人传》当中，有关于伯鲁涅列斯基的人物肖像。伯鲁涅列斯基留在世上的人物肖像并不多，其中还包括他的养子，也是他的学生和合作者，曾经也为他做了人物雕像。伯鲁涅列斯基不仅仅是一个金匠，同时也是一个雕刻家，他曾经为圣吉诺教堂的祭坛制作了小型的青铜雕像，例如圣约翰福音传教士、先知耶利米以及先知以赛亚的人物雕像。

在 1401 年的时候，伯鲁涅列斯基和吉贝尔蒂曾经参加洗礼堂的东门设计雕刻的公开竞赛，在这场竞赛当中，吉贝尔蒂和伯鲁涅列斯基同时完成以亚伯拉罕献祭以撒为主题的雕刻。我们可以看到在吉贝尔蒂的雕刻中人物的表现非常传统，而伯鲁涅列斯基的对于亚伯拉罕献祭以撒的雕刻显得更加的夸张（图 6-7）。

图 6-7　伯鲁涅列斯基和吉贝尔蒂的雕刻对比

亚伯拉罕献祭以撒是《圣经》当中非常重要的一个故事，耶和华要试验亚伯拉罕，就叫他带他的儿子以撒，往摩利亚地去，把他献为燔祭。亚伯拉罕得知这个消息后内心非常痛苦，也非常挣扎，他信奉耶和华，最后经过剧烈的思想斗争，他还是决定杀死以撒。他捆绑以撒，准备将刀伸向他儿子时，天使出现了。天使说："我知道你是信耶和华的，你现在不用杀死你的亲生孩子，可以用一只羊来代替他献祭。"这就是著名的亚伯拉罕献祭以撒的故事。

在这次铜门竞赛当中，最后吉贝尔蒂胜出。伯鲁涅列斯基在失败后和他的好朋友多纳泰罗一起结伴去了罗马。在古罗马的 13 年间测绘了很多古罗马的一些建筑，包括万神殿等。这些古罗马建筑的测绘也为伯鲁涅列斯基后来回到佛罗伦萨建造圣玛利亚大教堂的穹顶提供了技术上的知识储备。在罗马的时候，伯鲁涅列斯基看到很多宏伟的教堂建筑，他和多纳泰罗起早贪黑测量那些建筑的门楣，收集平面图。

1480 年左右，他所创造的建筑方式已被当作古典风格的典范，它的教堂也成为采用拉丁十字平面和集中式布局的楷模。尽管许多设计在生前没有完成，但它们已经改变了佛罗伦萨甚至整个意大利建筑的面貌——瓦萨里《艺术家名人传》。

图 6-8 稳立的鸡蛋

在伯鲁涅列斯基赢得竞标之后，人们希望伯鲁涅列斯基展示他到底如何施工巨大的穹顶。他便掏出一个鸡蛋，对大家说："你们谁能够把这个鸡蛋竖立在桌面上?"在场的人无人尝试成功，然后他就把这个鸡蛋轻轻敲破，稳稳地立在了桌上(图 6-8)。他说："其实我要做的大穹顶的施工技术非常简单明了。"该故事也被记录在瓦萨里的名人传中。

伯鲁涅列斯基在建造穹顶的过程中在诸多方面都做出了非凡的突破。第一他打破传统的建筑师的职业局限，他不仅完成大穹顶的设计，而且改进发明了新的施工机械装置，包括运输设备和起重设备。传统的运输和起重设备最主要的形式是转轮，这种转轮通常是木质的，它通过人在转轮里面不停地踩动，推动转轮的旋转，以此吊起重物。伯鲁涅列斯基在此基础上加以改进，发明了历史上第一个反向齿轮。这样的话就可以通过牛在地平面上沿着同一个方向不断的行径，人控制上下齿轮，以此保证施工的材料举到高空。

伯鲁涅列斯基不仅发明了历史上第一个反向齿轮，他还为起重机绘制了一些草图，并发明相关的机械设施。另外还设计有新型的施工吊车(图 6-9)。该施工吊车的构造包括一根木桅杆，桅杆顶部有一根能以桅杆为轴水平旋转的横梁。被高高放置在穹顶上的吊车像是一个绞刑架。水平横梁上有螺杆、滑道和平衡重。一根水平方向的螺杆负责控制平衡重在滑道上移动，另一根则用作控制被移动的重物。另外他还绘制了一些螺丝扣的草图，可

见伯鲁涅列斯基在建筑施工机械上面花了非
常大的精力。

在砌筑方式上，由于大穹顶是后面加建
的，在既能把重物吊上高空的同时，又能保
证八个面的施工队伍所做的墙面能够在最顶
部汇交成一点成了摆在伯鲁涅列斯基面前的
棘手难题。

那么如何来建造大穹顶，给八个弧面在
顶部相交成一个点呢？

伯鲁涅列斯基创造性地使用了人字形的
鱼骨连接（Spinapescie）（图 6-10）和花朵状弧
线控制法。传统穹顶的建造，通常为先建模，
织一个木架的模型，在砌好后拆掉模具。由
于在拆掉模具的过程当中有很多不确定因素，
所以人们在拆除时都需要祈祷，并且快速跑
离。但是大穹顶它的施工高度非常高，所以
不可能搭建如此巨大的一个脚手架。

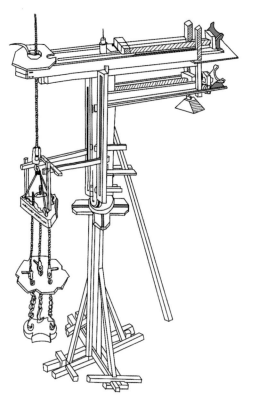

图 6-9　伯鲁涅列斯基设计的新型施工吊车

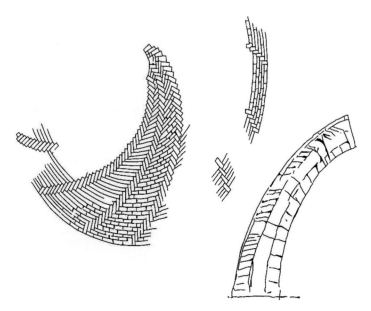

图 6-10　鱼骨连接砌砖

佛罗伦萨大学的马西姆·瑞奇(Massimo Ricci)教授，他致力于探索当时的伯鲁涅列斯基的解决方法，所以他在佛罗伦萨的附近建造了一个1∶200的穹顶模型。希望通过小模型的施工制作，来最大可能地还原伯鲁涅列斯基当时在施工时候所采用的一些技术。

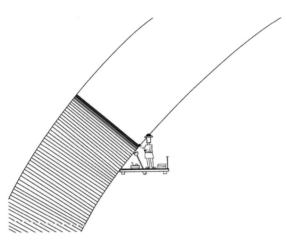

图6-11　砌砖时斜面使得砖块容易滑落

在施工的技术当中有两点难题：第一是如何来砌筑倾斜面的穹顶，这个穹顶的每个面都是倾斜的，在建造的过程当中，砖块随时会滑落(图6-11)，因此它采用了一个鱼骨连接的方式。整个大穹顶是一个双层穹顶，两层穹顶的每一圈砖层上面隔着相同的距离的地方都要砌一些体积较大的砖块，这些砖块是立着的，也就是与水平方向的砖层垂直。这种有角度的砌砖方式就是：每一块这样直立起的砖块能够横穿4层或者5层水平方向的砖层，从而形成一条斜向的条带，一直延伸到穹顶的顶部，组成一种人字纹或者是人字线的图案。

这样的连接方式能够保证砖块砌筑的过程当中不会滑落，也能够就像一个箍子一样箍住整个穹顶。我们今天可以在双层穹顶的中空空间行走时感受当年砌筑的过程与细节(图6-12)，还能够看到它人字纹的砖块砌筑方式。在解决了砖块不会滑落的问题之后，另外一个难题就是如何来控制每一个面的施工进度。伯鲁涅列斯基提出的策略是建立导引控制线。先在平台上水平方向上画8个花朵样的弧形线，绳子的一端连接弧线，另一端连接弧形墙面，绳子在弧线上移动，就可以控制施工过程当中砖块的角度和高度，因为绳子将其曲率投射到施工的墙上，形成一个倒弧，这就是导引控制线(图6-13)。

在这样一个控制线的原理的控制下，伯鲁涅列斯基带领8个施工队很好地完成了每一个

图6-12　行走在双层穹顶的中空空间

面的施工进度，使得每一个面的施工进度都保持一致，并最终顶部相交形成一个完整的平面。

同时在施工人员的组织和管理上，伯鲁涅列斯基也是下足了心思，他采取了一系列的安全和激励措施。有8支泥瓦匠队伍将近300名工人参加建造穹顶的工作，由于必须等到前一层的砖足够坚固了，才能开始新的一层。他们从周一工作到周六，每天工作接近14个小时，伯鲁涅列斯基在穹顶的双层墙壁间建造了一个小餐馆，向工人们供应午餐。

由于泥瓦匠们站在一个向内倾斜很大角度的墙壁内工作，容易产生恐高症，所以伯鲁涅列斯基制作了一个阳台，它就是

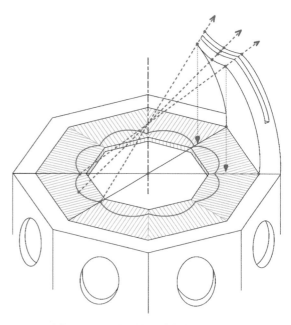

图 6-13　用花朵状弧线控制法砌砖

从砌体里伸出来的一个悬挂式的脚手架，脚手架4周竖着模板，这个阳台既是一个安全网，也是一个视线屏障防止泥瓦匠朝下看，克服他们的心理恐惧。在整个施工过程当中，泥瓦匠身上都系着安全绳。仍然有一位泥瓦匠坠落身亡，但这样的安全记录在当时已经算是一个奇迹了。

最后完成的穹顶采用了哥特式的骨架券的结构方式，就是把整个穹顶划分为承重和不承重的两个部分，他用白色石料在八个角上砌筑了肋架券，在顶上用一个八边形的环收束，在收口上面又建造了一个采光亭（图6-14）。又在每一边各自砌筑了两个断面稍微小一点的券，相邻两个券之间各砌9道平券，把它们连接成整体。一共有8个大肋和16个小肋（图6-15）。

最后穹顶的外墙上贴着红色的砖（图6-16），穹顶的尖顶上还建造了一个精致的八角形亭子，距离地面115米。穹顶内部有巨型壁

图 6-14　穹顶的八角形采光亭

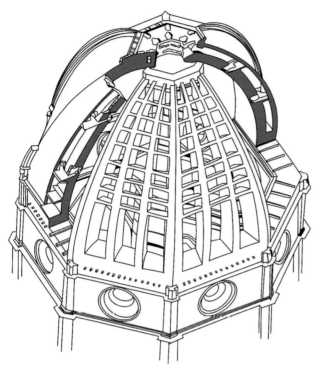

图 6-15 穹顶的结构

画(图 6-17),游客可以站在挑廊隔着玻璃近距离欣赏瓦萨里(Giorgio Vasari)所绘的巨幅绘画《末日审判》。在伯鲁涅列斯基完成了穹顶的建造以后,人们非常惊叹穹顶的巧夺天工。伯鲁涅列斯基去世后便埋葬在圣玛利亚大教堂的地下,他的墓碑上写着:"长眠于此是心灵手巧的天才,佛罗伦萨的伯鲁涅列斯基·伯鲁涅列斯基"。

在中世纪天主教堂建筑中,从来不允许用穹窿顶作为建筑构图的主题,因为教会认为这是罗马异教徒庙宁的手法。而伯鲁涅列斯基不顾教会的禁忌把穹顶抬得很高,成为整个建筑物最突出的部分,所以它被称为意大利文艺复兴的报春花(图 6-18)。

图 6-16 穹顶的外墙面

图 6-17 穹顶内部的巨型壁画

图 6-18　伯鲁涅列斯基设计建造的大穹顶

　　这个穹顶的建造有非常高的建筑成就。虽然天主教会把集中式的平面和穹顶看成异教徒庙宇的形式加以排斥，但是伯鲁涅列斯基带着工匠们依然完成了它，反映了建筑上突破教会专制的标志。古罗马的穹顶和拜占庭的大穹顶，在外观上是半露半掩，但这个大穹顶借用了鼓座，把穹顶部分全部展现出来，成为整个城市轮廓线的中心，这在西方是前无古人的，因此也是文艺复兴独创精神的标志。无论是建筑结构还是建筑施工，这个穹顶的首创性幅度都很大，它也标志着文艺复兴科学技术的进步。

03

育婴院

育婴院(Founding Hospital)是伯鲁涅列斯基另一个传世作品，1419 年至 1424 年建造的育婴院位于佛罗伦萨安农齐阿广场(Piazza Annunziata)的正前方，是为弃婴所建造的一个福利院(图 6-19)。在安农齐阿广场当中有一个巨大的美第奇的费迪南多(Ferdinando Ide' Medici)的人物雕像，该雕像采用青铜制造。

这个育婴院是当时欧洲的第一个孤儿院，它是 1445 年开放的，当有人丢弃孩子时，会把这个孩子用布包好放在育婴院门口的一个圆形的一个石头上并且敲响铃铛，这时门里有人出来，并把这个孩子带进育婴院抚养。所以育婴院的券廊上就有这样一个小的雕刻：被布包裹着的孩子(图 6-20)。

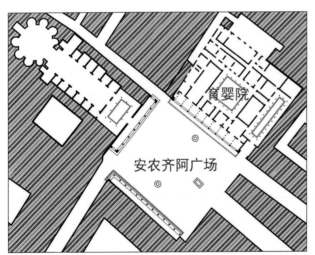

图 6-19 安农齐阿广场总平面

图 6-20 育婴院券廊上的雕刻

在功能上这个券廊既是一个出入空间，又是广场的一部分。育婴院采用这种做法，强调了实际统治者科西莫向佛罗伦萨捐赠这所育婴院的公共意义。

育婴院的主要特征集中在立面上的拱廊部分(图 6-21)。拱廊是由科林斯柱式和上部的半圆拱构成，拱廊部分的顶棚采用了垂拱形式，用铁条克服侧推力，建筑整体构图轻快开敞，在趣味上显示了向古罗马时代的回归，是早期文艺复兴风格的标志性作品。

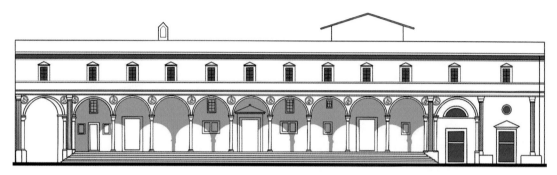

图 6-21　育婴院的立面

安农齐阿广场也是城市设计当中非常经典的作品，在伯鲁涅列斯基之后小老桑加洛和卡其尼，都为安农齐阿广场的周边立面做出了自己的贡献，这也成为佛罗伦萨最著名的广场之一。

伯鲁涅列斯基设计的另外一个作品就是巴奇礼拜堂（Pazzi Chapel），巴奇礼拜堂是他为一个名叫巴奇（Andrea de Pazzi）的权贵家族建造的小礼拜堂。我们看不出它和任何古典时期的神庙有什么相似之处。伯鲁涅列斯基用自己独特的方式把柱子、壁柱和拱结合在一起，以求达到一种前无古人的优雅效果。古典的三角门楣、柱子都可以看出伯鲁涅列斯基对于古代遗迹和罗马万神庙那样的建筑物研究得多么仔细（图 6-22）。

礼拜堂内部的正中间也是一个拜占庭式的反拱式穹顶，左右各有一段筒形拱，共同覆盖一个长方形的大厅。正面的柱廊有 5 个开间，中间一个 5.3 米，发一个大券，把柱廊分成两半。顶部是一个圆锥形的屋顶，圆柱形的采光亭和鼓座，方形的立面，立面上圆券和方形开间的对比（图 6-23）。

礼拜堂的附近就是著名的意大利的哥特建筑圣克罗斯教堂（Santa Croce）。

伯鲁涅列斯基的这几个建筑作品，都被认为是文艺复兴时期重要的建筑代表。它的结构有拜占庭式的穹顶，结合文艺复兴时期的建筑成就，为意大利的文艺复兴做出了自己的贡献。

佛罗伦萨除了有伯鲁涅列斯基的作品以外，还有一类非常重要的建筑——府邸建筑。这些府邸都非常注重立面设计，通常做三段式的设计：底层的石头突出墙面很多，形成坚实基座的艺术效果（图 6-24）。再往上面走一层，它的砖缝则变得平整和细致。最上面一层墙面最为平滑，同时有出挑非常远的檐口。这种立面又被称为屏风式立面。但也有人认为这种立面过分强调立面设计效果，而忽略了内部的使用，但是他们对于佛罗伦萨的城市街景却也起到了非常重要的点缀作用。

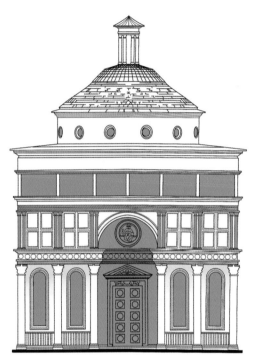

图 6-22　巴奇礼拜堂的立面

图 6-23　巴奇礼拜堂的剖面

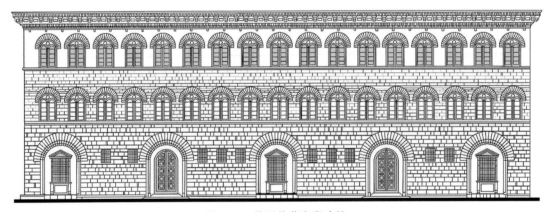

图 6-24　佛罗伦萨府邸建筑

04
圣彼得大教堂

　　圣彼得大教堂是文艺复兴时期最伟大的纪念碑，也是 16 世纪意大利建筑结构和施工的最高成就（图 6-25），在它的创作过程当中反映着文艺复兴盛期教廷和建筑师之间的矛盾。

　　圣彼得大教堂（St. Peter's Basilica）坐落于今天的梵蒂冈，梵蒂冈是 1929 年建立，是世界上最小的国家，一个面积不到 52 万平方米却建有世界上最大教堂，教学最多可容纳近 6 万人同时祈祷。圣彼得大教堂除了建筑本身以外，大教堂前面还有一个由梯形广场和长椭圆形广场共同组合完成的复合广场。

图 6-25　圣彼得大教堂

　　彼得是耶稣的 12 个门徒之首，也是耶稣最喜爱和最忠诚的得意门生。彼得在希腊语中的含义是磐石。他的形象通常就是手里拿着钥匙。因为耶稣是正钉十字架，所以彼得的艺术形象是倒钉十字架。在圣彼得大教堂当中埋葬着彼得的遗骨，彼得有句名言："我要在这磐石之上建造一座教堂。"这就有了梵蒂冈的圣彼得大教堂的产生。

　　在圣彼得大教堂的原址上最开始是君士坦丁大帝修建的老圣彼得大教堂(Old St Peter's)。这是一个比较典型的巴西利卡教堂，屋顶是双坡顶的木架，在 333 年的时候落成。老圣彼得大教堂的形状和今天的圣彼得大教堂的形状是完全不同的。从意大利的文学家艺术史学家提波瑞欧(Tiberio Alfarano)的绘画中可以看到老圣彼得大教堂和新圣彼得大教堂的位置的叠加关系。在图画当中，黑色的部分是老圣彼得大教堂，浅色的部分是新圣彼得大教堂。老圣彼得大教堂的重建是在 1475 年到 1483 年，它的前面有一个长方形的广场，同时也有钟塔。1503 年的时候，尤利乌斯(Julius)教皇二世就开始新建圣彼得大教堂，他当时委托伯拉孟特(Donato Bramante)来进行设计。伯拉孟特的设计方案中两侧都有钟塔，呈中轴对称。

　　我们从空中鸟瞰，整个圣彼得大教堂是梵蒂冈当中最重要的建筑物，它是由圣彼得大教堂、前面的梯形广场，还有椭圆形广场共同构成的。整个圣彼得大教堂的建造历史，我们可以把它分为六个阶段，第一个阶段是伯拉孟特做的方案，他是 1506 年完成的，从这个方案当中我们可以看出，圣彼得大教堂是一个完全对称的希腊十字形的平面方案，那么它有强烈的中轴对称，这也是当时建筑师所认为的集中式的平面设计。

　　伯拉孟特于 1514 年去世，他设计的圣彼得大教堂的方案还没有施工完成，总建筑师的任务就落在了拉斐尔手中。拉斐尔(Raffaello Sanzio)个性温和，对于教皇的要求丝毫不敢怠慢，所以他就听从了教皇的意见，把伯拉孟特的集中式的平面改成了一个拉丁十字形的平面。但没过多久拉斐尔也去世了，他的圣彼得大教堂总建筑师的任务就落在了佩鲁奇(Peruzzi)的手上。佩鲁奇又把大教堂从拉丁十字恢复成希腊十字的集中式平面。后来的圣彼得大教堂的总建筑师又换成了小桑加洛(Antonioda Sangallo, the Younger)。他一方面想维护他们建筑师传统意义上的对于集中式建筑平面的表达，同时也希望能够听从教皇期望改成拉丁十字的建议，所以就形成了一个看上去像一个拉丁十字的集中式平面。以此来兼顾两方的要求。

　　后来总建筑师任务又落到了米开朗基罗的手上，米开朗基罗(Michelangelo Buonarroti)不顾教会的意见，又把大教堂的平面又改回了伯拉孟特的集中式方案。到了 1607—1612 年，圣彼得大教堂由卡罗·马德诺(Carlo Maderno)来担任总建筑师。他在教堂前面加了长方形的大厅，最终形成了今天我们所见到的圣彼得大教堂主立面(图 6-26)。圣彼得大教堂曲折的建设过程正体现了公元 15—16 世纪建筑师和统治者权势之间激烈的矛盾冲突(图 6-27)。有思想原则上的，也有技术原则上的，这些冲突考验着每一个建筑师的品格，是唯唯诺诺还是维护进步?

图 6-26　圣彼得大教堂主立面

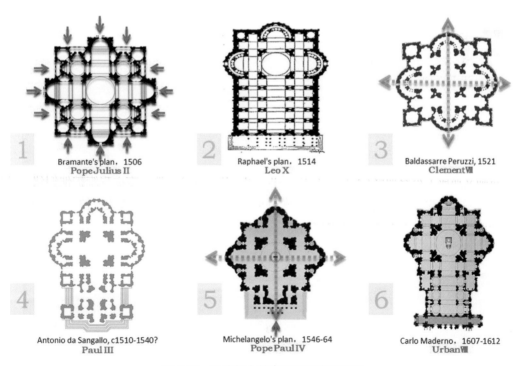

图 6-27　圣彼得大教堂平面的演变历程

米开朗基罗曾经向教皇展示圣彼得大教堂的模型，他也完成了圣彼得大教堂的穹顶和他自己设计的平面。在韦尔内1827年的一幅绘画当中表现了伯拉孟特、米开朗基罗和拉斐尔共同向教皇展示圣彼得大教堂平面的场景。米开朗基罗也为圣彼得大教堂的中央穹顶建造了一个1：15的木质模型，同时他也完成了圣彼得大教堂的立面设计。我们今天所看到的圣彼得大教堂的中央穹顶就是米开朗基罗设计完成的(图6-28)。这个穹顶和万神庙穹顶的直径几乎完全相同。

我们今天看到的圣彼得大教堂，它是由米开朗基罗设计的希腊十字形平面以及穹顶，马丹纳设计的巴西利卡，以及伯尼尼设计的梯形广场和椭圆形广场共同组合而成(图6-29、图6-30)。在大穹顶的正下方，是伯尼尼设计的华盖，其所包覆的就是圣彼得的遗骸(图6-31)。

图6-28 米开朗基罗设计并且完成的
圣彼得大教堂的穹顶

图6-29 圣彼得广场

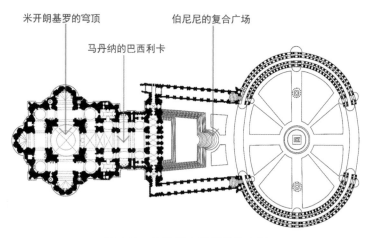

图 6-30　圣彼得大教堂总体布局

图 6-31　圣彼得大教堂室内

在圣彼得大教堂中不仅埋葬着教皇的先骸，还保护着众多传世精品，如伯尼尼的青铜王座，米开朗基罗的圣殇(Pietà)。我们可以说圣彼得大教堂集合了 16 世纪建筑结构和施工的最高成就，100 多年来最优秀的建筑师大多主持过圣彼得大教堂的设计和施工，因而它也被称为文艺复兴时期最伟大的纪念碑。

05
坦比哀多

位于罗马城的坦比哀多(Tempietto，公元 1502—1510 年)是西方建筑史当中非常重要的一座建筑。坦比哀多在意大利语当中就是一个小的庙宇的意思，对应的英文实际上就是temple。世界上最大的教堂在罗马城中的梵蒂冈，世界上最小的教堂位于罗马。它是位于台伯河边上的一个小山丘上蒙托里奥的圣彼得堂(San Pietreo in Montorio)狭窄的院子中间。在这个小小的院子中间有一个很小的一个圆形的礼拜堂(图 6-32)。这座教堂被公认为文艺复兴全盛时期的登峰造极之作，也是文艺复兴时期基督教建筑的一个非常重要的原型。

1502 年，西班牙国王费迪南多(Ferdinando)和他的妻子伊莎贝拉(Isabella)委托当时著名的建筑师伯拉孟特(Donato Bramante，公元 1444—1514 年)在蒙托里奥的圣彼得修道院修建一座礼拜堂。圣彼得大教堂和坦比哀多这两座最具基督教纪念性意义的建筑都是出自伯拉孟特的设计，他运用古典建筑的原型去表达基督教的殉道精神，创造出了一种新的集中式的具有纪念性的宗教建筑类型。

圣彼得大教堂有两层非常重要的意义。第一层是它的宗教意义，因为在这个地方是圣徒彼得殉道所在地，圣彼得大教堂是埋葬彼得的地方。第二层是伯拉孟特的这个建筑作品的成就非常高，它几乎定义了后来的宗教建筑以及集中式的纪念性的建筑的原型。坦比哀多平面上是一个完整的圆形，建筑外墙直径 6.1 米，高 3.6 米，外立面有 16 根多立克柱式围绕，连穹顶上的十字架在内总高为 14.7 米，建筑有地下墓室。坦比哀多穹顶非常饱满、高耸，它的体积感、完整感和一圈多立克柱式，营造出一个刚劲雄健的氛围(图 6-33)。因此，帕拉第奥在《建筑四书》当中将坦比哀多称为罗马最重要的纪念碑之一。

伯拉孟特设计建造的坦比哀多的这个穹顶是整个建筑的视觉中心，这种集中式的形式是一种非常经典的建筑样式。西方的一些建筑，比如说巴黎的万神庙、美国的国会大厦(图 6-34)和巴黎的残废军人教堂(图 6-35)这些公共建筑都以这个建筑为蓝本，饱满穹顶形成整个建筑体量的中心。

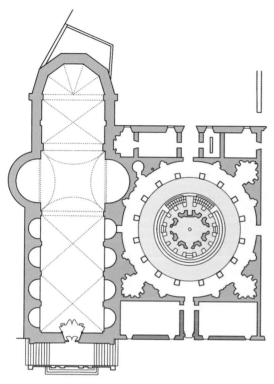

图 6-32　蒙托里奥的圣彼得堂总平面
（图中圆形部分为坦比哀多）

图 6-33　坦比哀多立面（2021 级武汉大学
建筑学本科生的手工制作模型）

图 6-34　美国的国会大厦

图 6-35 巴黎的残废军人教堂

文艺复兴建筑艺术(下)

——群星灿烂

15 到 16 世纪是意大利艺术最著名的时期，这是人类历史上最伟大的时期。这个时期的艺术大家群星灿烂，彼此照耀，照亮了整个世界。人们很难回答为什么这个时期会产生如此多的艺术大家？我们只需要静静地去欣赏、去感受这些艺术大家给人类的艺术发展史留下的浓墨重彩。这些艺术大家给我们留下了丰盛的绘画、雕塑等艺术作品，他们在建筑领域也是成就斐然。这些建筑与绘画等艺术形式交相辉映，共同谱写着文艺复兴时期人类文化的交响曲。这些大师在文艺复兴时期对人文思想和古典秩序的探索向我们揭示了建筑师如何在历史变革时期把握当前时代特征、在建筑中体现时代的人文精神。

01

达·芬奇

　　文艺复兴三杰是达·芬奇（Leonardo da Vinci，公元 1452—1519 年）、米开朗基罗和拉斐尔。在文艺复兴三杰当中，达·芬奇是这些艺术大艺术家当中年纪最大的，是文艺复兴时期最杰出的艺术大师，是超越时空的天才，因此他又被称为神之子（图 7-1）。

　　达·芬奇很小的时候，他在著名的出生于佛罗伦萨的意大利画家安德烈·德尔·韦罗基奥（Andrea del Verrocchio，公元 1435—1488 年）的画室受艺术训练。达·芬奇有很多绘画笔记，因为他曾经解剖过很多具尸体，他试图去探索人体的奥秘。他解剖过人的头部、下肢等各个部位，然后绘画出相应的筋骨和脉络。他也曾经画过子宫中的胎儿，还做过一些风速计、飞行机、直升机、降落伞等，设计了舞台表演的一些机械用具。

　　达·芬奇的成就不仅包括绘画、雕塑、机械工程等，同时他也是一位杰出的建筑师。达·芬奇理想教堂模型的绘图亦非常经典（图 7-2），他试图通过相同几何单元的组合来创

图 7-1　达·芬奇画像（弗朗西斯科·梅尔齐创作于公元 1515—1518 年）

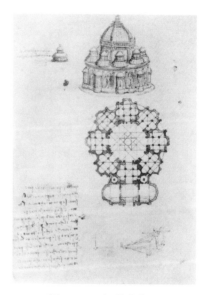

图 7-2　理想教堂草图

造一种独特的集中式教堂的建筑形式，一个教堂的平面由类似形状的大大小小的几何图形组合形成，类似于分形，这为教堂的建筑设计提供了一种参考。这些草图中达·芬奇把平面图和透视图放在一张图上。

1482年达·芬奇搬到米兰，瘟疫肆虐米兰后近三分之一的人口死亡率，这促使达·芬奇开始思考设计更清洁、更高效的城市环境。为此他做过理想城市的模型，他试图将城市进行垂直分层以解决城市问题，这也是他对于城市规划的一种探索。城市中道路非常宽阔，很可能是因为达·芬奇认为狭窄的街道导致了瘟疫的传播。达·芬奇希望通过城市设计能够改善城市的总体的水循环，体现了他对未来的城市规划布局有精辟独到的见解。他的理想城市整合了一系列相连的运河，下层是商人和旅行者的运河，上层是"绅士"的道路。达·芬奇的理想城市模型体现了他的天才发明不仅仅关注单个区域，而是结合了他作为艺术家、建筑师、工程师和发明家的才能。

香波城堡(Château de Chambord)中的螺旋楼梯亦是达·芬奇的经典作品，这个螺旋楼梯也被称为双子楼梯，体现了达·芬奇对建筑结构、材料、技术等方面的深入研究。

达·芬奇的绘画《最后的晚餐》(图7-3)(Last Supper，公元1495—1497年)位于意大利米兰圣玛利亚感恩教堂，这部作品运用了文艺复兴时期常见的一种透视技法。耶稣的背景是明亮的蓝天形成的景窗，这样很容易把观众的视线引导到耶稣的形象当中。绘画以这个

图7-3　最后的晚餐(蛋彩画在石膏、沥青和乳脂上，460厘米×880厘米)

明亮的景窗为中心，天花板、桌椅形成了一系列放射状的线条，从视觉上加强了画面的透视效果。十二个门徒被分成四组，每组三人，有的门徒是张开双手的姿势，好像在表示这个事不是我干的。有的门徒指着自己的胸前，好像为自己辩驳。耶稣右手边的三个人物中，彼得和约翰交头接耳，很自然地把犹大推向了画面的最前端，他的右手拿着一个钱袋，表明他是十二个门徒中的叛徒身份。整个绘画被描绘在圣玛利亚感恩教堂的餐厅的一整面墙上，所以整个的画面的尺幅非常大。画面的构图以耶稣为中心向两旁展开，就像一个等边三角形，再以高低起伏的人物动作形成三人一组的四个小三角形，使画面显得协调平衡又富有动态感，同时确立了文艺复兴极盛时期高度理想化的构图原则与表现手法。今天全世界的游客竞相去膜拜这个古迹场所，这个空间一次最多能容纳三十个人同时参观，不允许照相，每场参观的时限是十五分钟。

《维特鲁威人》(图 7-4)(The Vitruvian Man，约公元 1487 年，威尼斯学院馆藏)是达·芬奇最著名的建筑设计之一。这幅作品中达·芬奇对人体的尺度的比例、关系的把握被后

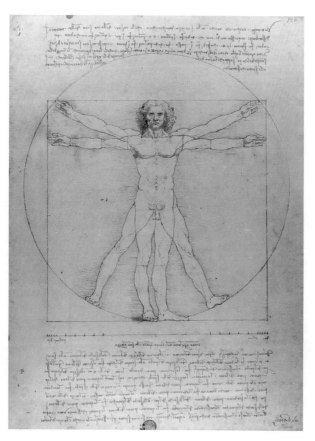

图 7-4 维特鲁威人(钢笔和墨水画，34.4 厘米×25.5 厘米)

世的各个学科的专业人士争相讨论，展示了他对古罗马式建筑风格和比例美学的深刻理解。《维特鲁威人》这幅作品是受古罗马建筑师维特鲁威著作的启发。建筑师维特鲁威在他的建筑著作《建筑十书》中提道：人的尺寸在自然界中是这样分布的，即 4 个手指为手掌，4 个手掌为脚，6 个手掌为一肘，这些尺寸都在他的建筑物中。达·芬奇绘制的画作中一个裸体男子的手臂和腿分开，处于两个叠加的位置，并刻在圆形和方形上。虽然这不是唯一幅受维特鲁威著作启发的画作，但它被认为是文艺复兴盛期的典型代表，它表示人体的结构应与神秘的宇宙几何学标准相一致，人类是其自身宇宙的中心，数学、古典艺术、理性思维和科学的成就应该以人为中心。

《伊莫拉规划》(图 7-5)(Imola Planning，公元 1502 年，意大利莱昂纳迪亚诺博物馆)是达·芬奇画的一张城市规划图。在这个图当中可以看出他对于城市总体规划的清晰表达。20 世纪 90 年代的时候，意大利的波罗尼亚大学曾经做过伊莫拉的 GPS 测量，其结果显示和达·芬奇当时这个绘图基本吻合。

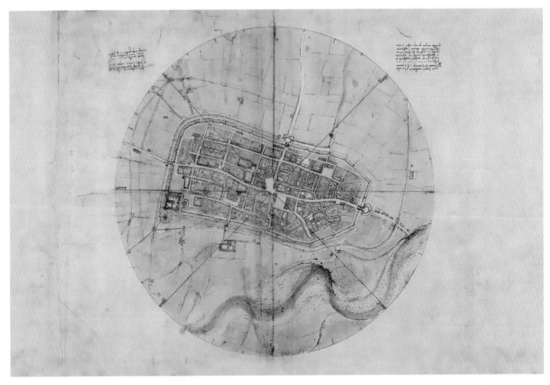

图 7-5 伊莫拉规划(黑色粉笔，铅笔线，钢笔和墨水，彩色水洗，44 厘米×60.2 厘米)

02
米开朗基罗

米开朗基罗（图 7-6）（Michelangelo di Lodovico Buonarroti Simoni，公元 1475—1564 年）的一生成就巨大，涉及雕刻、绘画和建筑作品，他的高寿为他的高产提供了一定基础。在他一生雕刻和绘画作品当中，比较著名的有皮耶塔（Pieta）、大卫像（David）、西斯汀教堂的天顶壁画（The Sistine Chapel Ceiling）等。米开朗基罗不仅仅是画家、雕刻家，同时也是一位卓越的建筑师。他的建筑作品有圣彼得大教堂的穹顶、劳伦齐阿图书馆和美第奇家庙、卡比多广场等，这些建筑作品都富有创造性、成就很高、影响很大。

图 7-6 米开朗基罗画像（约公元 1545 年）

大卫像

位于佛罗伦萨的这尊大卫像成就了米开朗基罗，米开朗基罗也成就了大卫。米开朗基罗的大卫像是用一整块大理石雕刻而成，人像身高 3.96 米，连基座高 5.5 米，重量高达 5.46 吨。

大卫是《圣经》中非常重要的人物，《圣经》中强调耶稣是大卫的后裔，大卫是以色列的一个非常杰出的君主。1501 年的时候，佛罗伦萨的执政官索德里尼认为，《圣经》中的犹太英雄大卫可以给人们带来新的鼓舞，因为大卫曾经打败了巨人歌利亚，然后他用甩石器杀死了歌利亚，并且从歌利亚腰间的刀鞘当中拔出刀割下歌利亚的头颅，把歌利亚的头提在手里。

在米开朗基罗雕刻大卫像之前，1440 年多纳泰罗（Donatello，公元 1386—1466 年）也曾经做过大卫青铜像，但是他做的大卫像和米开朗基罗的大卫像比较而言身材比较苗条，力量感也没有那么强。

图 7-7 大卫像

米开朗基罗表现的大卫与众不同，他表现的是大卫在击打歌利亚之前的状态，也就是说当大卫看到歌利亚，但是还没有击打歌利亚的时候，米开朗基罗雕刻的正是此刻的大卫。大卫的武器并没有被刻意地去强调，只是强调大卫的这种紧张状态，他血脉偾张，头发如波涛汹涌般澎湃(图7-7)，右手粗大且青筋暴出，表现大卫看到歌利亚的时候整个人都高度紧绷。以前很多艺术家在表现大卫的时候，总是表现大卫击败歌利亚以后胜利的姿态。但是米开朗基罗却另辟蹊径，他认为大卫刚刚注视到敌人又准备去击打他的时刻是高度紧张的状态，此刻大卫全身的每一个细胞都被调动起来，是人的生命当中最有意义、最有爆发力的时刻，这个时刻是人生的高光时刻。

1504 年 1 月 25 日，米开朗基罗在他 29 岁的青葱岁月之际完成了这样一个举世赞誉的大卫像。当时佛罗伦萨的执政官召集了 29 个人组成的委员会审查米开朗基罗的作品，大家共同决定是否将大卫像作为佛罗伦萨城邦的精神标识，放置在市政厅大门前的广场上。这 29 位审查委员的名单中有米开朗基罗的对手达·芬奇。大家一致认为米开朗基罗的大卫像非常成功。大卫像从雕刻的地点运到指定的安放地花了将近半个月的时间。

1873 年，大卫像诞生 300 多年以后，人们一致觉得这个雕像如此完美珍贵，把它放在室外进行展览实在可惜，于是将雕像移到了佛罗伦萨美术学院的室内进行收藏。今天全世界的游人都会到佛罗伦萨美术学院来欣赏和膜拜这尊大卫像。

西斯汀教堂天顶壁画

除了雕刻以外，米开朗基罗在绘画上的成就也非常高，著名的绘画作品有西斯汀教堂的天顶壁画[The vault of the Sistine Chapel (公元 1508—1512 年)]。西斯汀教堂是位于圣彼得大教堂旁边的一个小的礼拜堂，这个礼拜堂的外观相对比较朴素。今天如果选举出了新的教皇，西斯汀教堂的烟囱会冒白烟；如果最终还是没有合适人选，教堂的烟囱就燃烧黑烟。

在西斯汀教堂中有米开朗基罗的两幅绘画作品，一个是天顶的壁画《创世纪》，一个是墙上的壁画《最后的审判》。《最后的审判》中米开朗基罗把自己的头像画在其中。西斯汀教堂天顶壁画的制作尤为困难，因为在天花板作画需要画家在高空中长期仰着头绘画。为了这幅作品，米开朗基罗花了几年的时间，他每天爬上高高的鹰架，助手们由于不堪忍受他的暴躁脾气和繁重的工作强度纷纷离开。米开朗基罗孤独地完成绘画作品，他的颈椎、眼睛都受到了比较严重的损伤。这幅作品达到了无法超越的水准，也是米开朗基罗最为经典的作品之一。今天全世界的人都为这幅作品深深地震撼和倾倒，它成为全世界的艺术珍品。米开朗基罗用才华和实力证明了他的艺术天分不仅仅表现在雕刻，也可以表现在绘画这种平面艺术创作中。

米开朗基罗在西斯汀教堂天顶壁画中采用了分块绘画的手法，分别表现了《圣经·旧约》中的故事。画中有很多著名的符号，例如亚当和圣父的手的触摸（图7-8）。亚当的手垂着，像没有什么力量，而圣父的手指非常有力量，两个人的手指处于一个快要接触但是并没有触碰上的状态，这个设计创意令人惊叹。

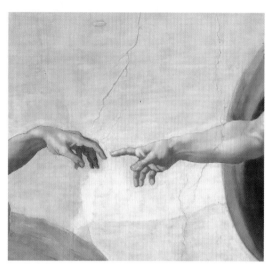

图7-8　西斯汀教堂天顶壁画局部

另外，西斯汀教堂天顶壁画中"驱除伊甸园"、"大洪水"等都超凡脱俗，很多画家都画过类似的场景，但米开朗基罗的绘画表现与众不同，体现了他对于人性的深刻思考。天顶壁画中选取的《圣经·旧约》的最后一个场景是"诺亚醉酒"，代表着大洪水后人类又回到罪恶的起源。

劳伦齐阿图书馆和美第奇家庙新圣器室

米开朗基罗除了完成壁画、雕刻作品以外，还有一些著名的建筑作品如劳伦齐阿图书馆（Biblioteca Laurenziana，公元1523—1526年）和美第奇家庙新圣器室（New Sacristy，Medici Chapel，公元1520—1534年）。美第奇家庙的外观是一个未完成的状态，外立面是石头拉毛的痕迹。劳伦齐阿图书馆和美第奇家庙新圣器室位于同一组建筑群。从空中鸟瞰这个图书馆的入口，台阶就像瀑布一样从图书馆的入口倾泻下来，它又被称为知识的阶梯（图7-9）。正是由于米开朗基罗雕刻家的身份和喜好，这个建筑作品的体积感、力量感、雕塑感非常强。图书馆的室内由米开朗基罗设计，相对来说比较简朴，没有过多的装饰（图7-10），每一排座椅的后背连接一个倾斜的木架方便后一排的人放置书本阅读。

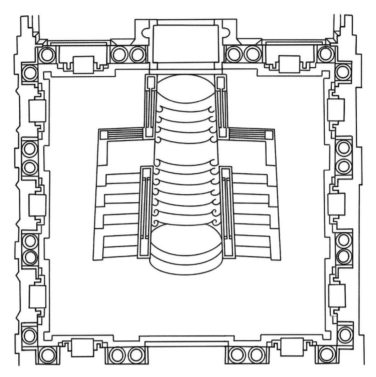

图 7-9　劳伦齐阿图书馆入口平面

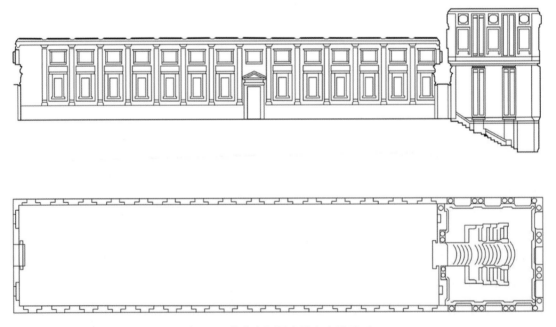

图 7-10　劳伦齐阿图书馆室内及平面

　　米开朗基罗的建筑作品中美第奇家庙新圣器室的室内设计独具匠心，与这个空间中轴对称的另外一个圣堂的室内由伯鲁涅列斯基和多纳泰罗完成。美第奇家庙的创作时间是公元 1520 至 1534 年，这正是米开朗基罗艺术生涯中重要的转折点。米开朗基罗通过美第奇家庙的人像雕刻传达出他对于生命现象的深刻哲学思考，他用具象表达抽象，用象征说明隐藏，用对比表现生命轮回。

　　美第奇家庙室内的两个人物坐像分别代表着沉思者、行动者。两个人物坐像的下方各有一对男女人体雕像分别象征着暮与晨(Tomb of Lorenzo di Piero de' Medici with Dusk and Dawn)、昼与夜(Tomb of Giuliano di Lorenzo de' Medici with Night and Day)，男女人体雕像的下方是棺木。

　　沉思者代表的是洛伦佐·迪·皮耶罗·德·美第奇(Lorenzo di Piero de' Medici，公元 1492—1519 年)(图 7-11)，因为他有偏好文艺和思考的个性，所以这个坐像一只手撑着头，似乎在思考着什么。沉思者的下方是《暮》与《晨》。《暮》表现成为一个强壮的中年男子，肌肉松弛，上了年纪的脸上似乎是苦闷，或者发呆。《晨》的雕像中女性的身体丰满、健壮，富有弹性的肌体虽然处于睡态，似乎正从昏睡中挣扎着苏醒过来。

　　行动者代表的是朱利亚诺·迪·洛伦佐·德·美第奇(Giuliano di Lorenzo de' Medici，公元 1479—1516 年)(图 7-12)，因为他偏好军事的个性，是个行动派，这个坐像给人的直

图 7-11　洛伦佐·迪·皮耶罗·德·
美第奇之墓，暮与晨

图 7-12　朱利亚诺·迪·洛伦佐·德·
美第奇之墓，昼与夜

观感受是他手持元帅杖,随时会起身。行动者的下方是《昼》与《夜》。《昼》似乎是一个人刚刚从睡梦中惊醒。《夜》的雕像的身体肌肉松弛无力,她右手抱着头似乎在沉睡,脚下的猫头鹰象征着黑夜,人在沉睡中会摘下面具。米开朗基罗希望用对比来表现两位人物的性格特点,这两个坐像追求的不是和两位逝去的人物如何样貌一致,而是追求如何最好地体现人物的精神实质。正如他自己有一句经典的话语:"百年以后,谁会在乎洛伦佐·美第奇的雕像是否像本人呢?最关键的是抓住他的性格特征。"米开朗基罗的雕刻绘画,不仅仅带给观者视觉上的冲击和美的欣赏,更重要的是其哲学意义上的思考带给人们无尽的启迪,这也是米开朗基罗在人世间具有不可撼动的大师地位的关键之所在。

03
拉斐尔

图 7-13　拉斐尔画像

拉斐尔(图 7-13)(Raffaello Sanzio da Urbino,公元 1483—1520 年)是一位英年早逝的艺术家,达·芬奇比他大 31 岁,米开朗基罗比他大 8 岁。拉斐尔经过自己勤奋的努力,成功地晋升为文艺复兴三杰之一。拉斐尔的性格温和,他的作品充分体现了安宁、协调、和谐、对称的特点以及完美和恬静的秩序,和米开朗基罗充满力量与躁动的作品形成对比。

拉斐尔著名的作品包括《雅典学派》(图 7-14)(The School of Athens,公元 1508—1511 年)。在《雅典学派》这幅壁画的构图上,建筑学与透视法具有特别重要的作用和意义。这幅绘画中我们可以看到一个巨幅拱门,下面有一群人物从遥远的地方走来,画面构图宏大,视觉中心是古希腊哲学家柏拉图和亚里士多德两个人物,一个手指着天,一个手指着地,他们边走边进行讨论。在这个巨型壮丽的大厅里,有着许多的学者和思想家自由热烈地进行学术讨论,可谓凝聚着人类天才智慧的精华。绘画当中有许许多多的人物,拉斐尔把自己的头像也画入了作品当中。他通过这幅画表达一种信心,这就是他所处的时代和古希腊时期一样有非常优秀的人物,有非常杰出的作品,这是一个让人激情澎湃的时代,是一个文化的巅峰时代。

图 7-14　雅典学派

拉斐尔 1511 年在法尔内西纳别墅内完成了壁画《格拉泰亚》（Galatea），作品的动感非常强烈。格拉泰亚女神在画面的正中间，她周边有很多天使围绕着她进行旋转，整个画面的人物组织、人体姿势动感强烈，体现了拉斐尔超凡的艺术平衡力。

帕鲁齐

巴尔达萨雷·帕鲁齐（图 7-15）（Baldassare Peruzzi，公元 1481—1536 年）是文艺复兴盛期的著名建筑师，他曾经担任过圣彼得大教堂的首席建筑师。文艺复兴时期艺术家不同程度地广泛使用透视法原理，帕鲁齐在室内装饰上创新使用透视法，在视觉上扩大了室内空间，这是他从古典向戏剧性演变的趋势的前奏，从中也看到了他独特风格的表达。帕鲁齐强调建筑的艺术性与科学性，以丰富的想象力以及非凡的变通能力，创新地运用古代建筑语言，对文艺复兴后期建筑风格的转变起到了积极的推动作用。

图 7-15　帕鲁齐肖像

法尔内西纳别墅

法尔内西纳别墅(Villa Farnesina，Rome)是 16 世纪初文艺复兴建筑的代表建筑之一(图 7-16)，这是帕鲁齐于 1506 年至 1512 年为富有的锡耶纳银行家阿戈斯蒂诺·基吉(Agostino Chigi)建造的别墅，是罗马第一座郊区贵族别墅。

图 7-16　法尔内西纳别墅

在这个别墅的室内装饰上，帕鲁齐创新地运用了透视法，室内几乎都是绘画，据阿尔伯蒂所说，它使画家具有了比建筑师还高的地位。建筑的入口门廊连通了一楼的客厅以及外部的庭院，由拉斐尔负责设计这一部分的屋顶装饰。穿过门廊，即可看到由帕鲁齐设计得十分著名的"柱厅"(图 7-17)，这是早期在绘画中引入透视概念的作品之一，也是帕鲁齐思想中巴洛克风格的雏形。帕鲁齐以连续的柱子作为壁画主题，在视觉上创造了站于露台上即可俯瞰城市街景的画面。在这幅透视画中，没有连续的基台，使得柱子和柱墩看上去好似直接立在地面上，只能看到支撑构件和虚拟的开敞空间。不久后拉斐尔将这种手法运用到了圣玛丽亚教堂基吉礼拜堂内。这个"柱厅"是当时在伯拉孟特线性透视学上的一大进步，它与房间四个墙面都有关系，帕鲁齐利用透视幻觉扩大了空间，进一步表现了墙外的虚拟街景。

图 7-17　法尔内西纳别墅室内的"柱厅"(虚拟街景)

现代制图范式的推进

帕鲁齐生活在公元 15—16 世纪充满艺术气息的欧洲，绘画在这里被看作"既是一种设计，也是一种自我启迪的工具"，这使得他在达·芬奇等艺术家对透视图研究的基础上，创造了这种将建筑元素的细节分析、建筑平立面表达和透视学原理相结合的制图范式，同时也使这种图纸绘制技术成为一种独特的艺术表现形式，对后来的建筑师如塞利奥、米开朗基罗·博那罗蒂（Michelangelo Buonarroti）、帕拉迪奥等对透视学的运用也产生了重大影响，也为现代建筑制图的科学表达奠定了知识基础。

帕鲁齐在建筑制图领域巧妙运用了透视学艺术，创新地增设了剖透视和轴测图，将其与科学的绘图方法相结合（图7-18），这种科学与艺术巧妙融合的制图范式不仅使得建筑师能够更加直观清晰地表达设计方案，并且能够清楚地展现古建筑各个组成部分与设计细节，从而促使图纸成了一种充分"理解建筑各部分组成"的手段。

与同时代的其他建筑师相比，帕鲁齐的图纸上的注释数量，尤其是文字注释的数量远远超过了他们的图纸表达（图7-19），他现存的大量建筑图

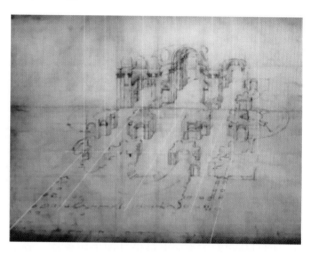

图7-18　帕鲁齐绘制的圣彼得大教堂的剖透视图（现存佛罗伦萨乌菲齐画廊，编号A2）

纸包括了多种类型，从现场研究图到高度渲染的测量演示图，它们都充满了图形、文字和尺寸数字信息等。由于帕鲁齐兼具画家身份，他的建筑创作常常以绘画中的透视学结合图纸表达为基础。

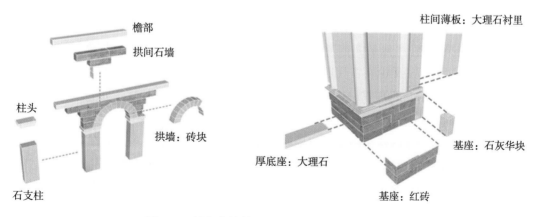

图7-19　帕鲁齐绘制图纸中包含的各种材料信息

帕鲁齐在深入研究前人的经验积累的基础上，创造了更加直观的剖视图和轴侧透视

图,这种将建筑技术分析、详实的数据标注、建筑平立面表达和透视艺术原理相结合的制图范式为现代建筑学科学的制图表达奠定了广泛的基础,并产生了深远的影响。帕鲁齐在罗马的建筑实践得到了人们的广泛认可与关注,19世纪的法国艺术史学家尤金·明茨曾评价他"在罗马寻求财富的建筑师中是最优雅、最精致、最独立的"。

小桑加洛

小安东尼奥·达·桑加洛(图7-20)(Antonio da Sangallo the Younge,公元1484—1546年)是意大利文艺复兴盛期的主要代表人物,他的设计实践作品丰富并且类型广泛,除了毕生参与圣彼得大教堂的修建外,他所设计的法尔内塞府邸是罗马一系列教皇家族宫邸中的首例,也是16世纪意大利最壮美的宫邸建筑。在建筑理念上,他力求在变化万千的古代遗存中探求维特鲁威古典秩序的表现,以期用图解的方式重构古典秩序,同时他留存下来的大量设计图纸以平面、立面、剖面与透视组合的方式来表达建筑设计,推进了建筑制图技术的规范性和合理性。小桑加洛强调建筑的技术性尺寸,认为专业的建筑图纸应该清晰、精确和可读性强,是现代制图三维表达的先驱者。他的实践和画作为西方古典秩序的历史延续起到了重要的推动作用。

图7-20 小安东尼奥·达·桑加洛肖像

作为伯拉孟特(Donato Bramante)和拉斐尔(Raffaello Santi)的继承人,小桑加洛立志成为一位在建筑设计实践中树立对未来负责的高度社会责任感的建筑师。瓦萨里(Giorgio Vasari)评价小桑加洛,"他是文艺复兴时期最优秀的建筑师之一,他的作品清楚地表明,他不亚于任何建筑师,无论在古代还是现代,都值得庆祝和颂扬"。小桑加洛抵制了许多同时代人试图效仿米开朗基罗(Michelangelo Buonarroti)的"风格主义",形成了一种严肃、合乎逻辑和庄重的风格。

小桑加洛遗留下来的建筑图纸比他早期的任何一位建筑师都要多,他在乌菲齐美术馆就留有1000余幅建筑图纸,这些图纸在欧洲档案馆历史上占有相当重要的地位,成为后人研究文艺复兴时期建筑思想和设计进程的重要画作史料,为建筑图纸的和科学性和技术性表达起到积极的推动作用。小桑加洛的解释性图纸是务实和技术导向的建筑师方法的代表:通过平面图、剖面图和立面图,他们使美学和结构问题可见,并提出了清晰和有效的解决方案。小桑加洛实现了建筑图从艺术性到科学性的转变,为现代建筑的科学性和规范性表达奠定了重要基础。

圣雷托圣母堂

圣雷托圣母堂(图 7-21)距离图拉真柱不远，矗立在图拉真广场的遗址上。圣雷托圣母堂是 16 世纪上半叶在罗马建造的第一座集中式教堂，是小桑加洛独立完成的第一个建筑，其设计的中央八角形平面不仅是他平面设计中的杰出代表，更是整个 16 世纪建筑设计中的卓越典范。圣雷托圣母堂建筑群的平面图呈现出不规则的五边形。教堂本身的外部平面为正方形，而其内部平面则是八角形。入口走廊与圆顶小教堂呈现出 45 度的角度，使得空间序列和功能连接都显得清晰且富有层次感。整个布局以一个内切于正方形的八边形为基础，同时在角落处精心开凿了半圆形的壁龛。这样的设计不仅进一步拓展了中央空间，还通过三个侧面的入口与外部周边环境形成了巧妙的连接，而第四个入口则延伸至独特的后殿，为整体设计增添了更多的层次感和立体感。教堂屋顶的采光亭形状非常精美，被戏称为"蟋蟀笼"(图 7-22)。

小桑加洛在对圣雷托圣母堂的平面设计推导的过程中(图 7-23)，所提出的设计变化和解决方案不仅充分展示了他的设计思维，更体现了其自我批判的精神。这些富有创意的设计理念和实施方法，无疑为后来的建筑设计积累了丰富的实践经验。

图 7-21　圣雷托圣母堂

图 7-22　圣雷托圣母堂顶部采光亭

图 7-23 圣雷托圣母堂周边环境

法尔内塞府邸

小桑加洛在 1514 年设计的法尔内塞宫(Palazzo Farnese，Rome)是一座通过精准的比例和模数控制实现完美呈现平衡、宁静以及秩序感的杰出建筑(图 7-24)。该建筑的整个立面，在水平方向上，以 a, a, a, a/2, a, a, a 的节奏延续，形成了一种独特的韵律。而在垂直方向上，a 以不同比例重复出现，构成了 a, a, a, a/4 的形式。值得注意的是，立面宽度在水平面上的比例为 6a+a/2，而其高度则恰好为宽度的一半，即 3a+a/4(图 7-25)。尽管每一层的窗户设计都各具特色，但它们的宽高比始终保持在 1/2，显示出设计师对比例的精湛掌握。无论是立面整体，还是每个窗户的开间，乃至大门的开间，都被巧妙地统一在相同比例的矩形框架中，彰显了小桑加洛对于建筑比例美学的深刻理解与精湛技艺。

图 7-24 法尔内塞宫立面

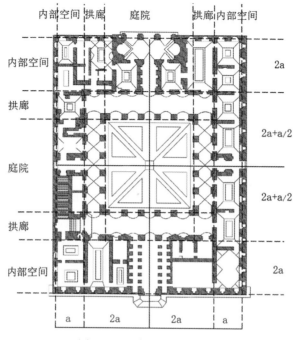

内部空间 拱廊 庭院 拱廊 内部空间

内部空间   2a

拱廊   2a+a/2

庭院   2a+a/2

拱廊   2a

内部空间

a   2a   2a   a

图 7-25　法尔内塞宫平面图

圣彼得大教堂

1536 年，小桑加洛开始主持圣彼得大教堂的修建。小桑加洛在修建过程中，迫于教会压力，新方案的平面维持拉丁十字式，但是他巧妙地让教堂的西侧更接近伯拉孟特的方案，平面西侧为希腊十字形，带有三个回廊，而东侧以一个小的拉丁十字式代替拉斐尔的巴西利卡，通过一个由次级穹顶组成的连接体和立面形体相接，总体成拉丁十字形，平面表现上是一个在集中式和会堂式平面之间进行折中的方案（图 7-26）。小桑加洛的设计中他一直坚持中央教堂的巨

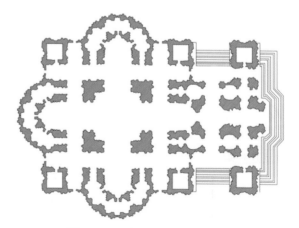

图 7-26　圣彼得大教堂平面图

大的集中式穹顶，他设想圣彼得大教堂的外部体量和内部空间有着古代纪念碑的壮观和雄伟。

图 7-27 圣彼得大教堂模型

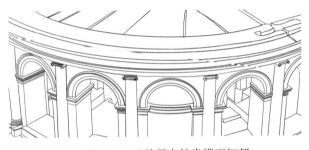

图 7-28 圣彼得大教堂模型细部

小桑加洛留存下来的最著名的建筑模型应该是圣彼得大教堂的模型(图7-27)。圣彼得大教堂的木制模型比例为 1∶30，模型的内部空间大到可以让人走进去观看，小桑加洛有意识地在模型中设置了一个空间，并且他在教堂的十字翼和中央大厅部分没有设置基座，使人可以穿过模型底部，仰视模型内部的穹顶和筒拱。木制模型的外部装饰刻画十分精美，外墙体上布满了壁柱、窗拱、三角形山花，甚至有凹槽装饰，整个建筑物由密密麻麻的装饰物刻画出了外部形象(图7-28)。整体模型非常巨大并且造价高昂，材料和工艺成本超过 4184 克朗。正如瓦萨里所说："所有这一切都是不寻常的。"一方面，模型因制作费用昂贵受到批评质疑，当时这笔费用完全可以建造一座完整的小教堂。另一方面，这个模型被视为建筑奇迹，即使在小桑加洛的方案被米开朗基罗的方案取代之后，它仍被许多后人研究、测量和抄绘，并发表在安东尼奥·拉弗雷里(Antonio Lafreri)的《罗马壮丽之镜》等一系列印刷品中。

04

帕拉迪奥

维琴察(Vicenza)位于意大利威尼托大区，威尼斯西部约60千米处，这里是安德里亚·帕拉迪奥(图7-29)(Andrea Palladio，公元 1508—1580 年)的故乡，城市中有许多帕拉迪奥的建筑作品，因此这座安静而又热情的小城被称为"帕拉迪奥之城"。

帕拉迪奥是文艺复兴时期意大利最杰出的建筑大师之一，他的《建筑四书》对欧洲的建筑风格和建筑理论形成了非常深远的影响，后人持续模仿他的建筑风格。帕拉迪奥在维琴察最重要的建筑成就之一是维琴察的巴西利卡（Basilica of Vicenza），这是坐落在一个广场边的一个两层建筑，维琴察的巴西利卡立面非常经典，它被人称为帕拉迪奥母题（Palladian Motive，公元 1549 年）。

图 7-29　帕拉迪奥肖像

帕拉迪奥母题是指在每个开间的正中间，按照比例发一个券，把券脚落在两个独立的小柱上。这种券柱式的构图实现了实和虚的对比和均衡，形象比较完整，而且每一个母题都有方和圆的对比，整体以方开间为主，中间加以圆圈，有层次有变化。小柱子在进深方向成双，小柱子和大柱子形成一定的对比和均衡，这种柱式的构图和比例经过仔细推敲形成一定的规范，在比例和处理上非常细致周到，成为后人学院派古典主义的基础，也成为后来建筑师争相模仿的对象（图 7-30）。

图 7-30　维琴察帕拉迪奥母题立面及平面

05

博罗米尼

　　17 世纪以后的巴洛克是意大利文艺复兴非常重要也是十分复杂的时期。巴洛克原意是畸形的珍珠，这个词本身含有贬义，人们对于巴洛克的认知也是毁誉交加。意大利诗人马里诺曾经说过，美丽的巴洛克建筑设计一定要让你惊奇，如果不能使人惊奇，你就去当马夫。这个时期的诗歌在世间的任务就是要引起人们的惊讶，诗歌如此，建筑也是如此。巴洛克建筑是畸形的，珍珠是畸形的，但同时它也是珍珠。

　　巴洛克是天主教反对宗教改革的一种文化，它发源于意大利的罗马，主要服务于教皇和宫廷贵族，后来传播到西班牙和奥地利等天主教国家。巴洛克艺术的题材和主题一般以宗教为主，主要是用来颂扬君主。巴洛克建筑一般以天主教堂为主，意大利巴洛克艺术的主要成就表现在建筑和雕塑两个方面。巴洛克风格的建筑艺术其特征是强调力度变化和动感，强调一种感性的认知，强调空间的开放和细部的精致装饰，它打破了古典主义和谐、均衡的格调，具有冲动而浪漫的艺术气质。

　　建筑史上风格的名称有一定的局限性和主观性，随着时间的推移，人们对于历史风格的认知会更加丰满和立体。当时的人们认为巴洛克时期的建筑是一种可悲的堕落，因为这段时期的建筑并没有用古希腊、古罗马的古典方式来建造建筑。这与我们对巴洛克时代的偏见有关。曾经有理论家评论巴洛克建筑设计穷极奢侈、古怪、荒诞、比例失谐、没有节制的庸俗装饰、不对称。19 世纪末在艺术史学者的推动下人们开始重新认识巴洛克，巴洛克建筑再次受到赞赏，巴洛克建筑中的理性因素和价值不断被发掘。

　　巴洛克建筑师中不得不提的是博罗米尼（图 7-31）（Francesco Borromini，公元 1599—1667 年），他的父亲是一位建筑师，据说博罗米尼早期在圣彼得大教堂当过石匠，他的性格比较古怪倔强，也不侍奉权贵，临死之前他把所有的手稿烧成灰自杀身亡。他在建筑上追寻独特的语言，探索新的方法，力求与众不同。

图 7-31　博罗米尼肖像

正如吉迪翁评价博罗米尼："博罗米尼使得古典建筑和近现代建筑之间没有断代。"巴洛克建筑前所未有的动感、创造出的全新空间体验和装饰母题，为世界建筑发展带来了更多的进步性含义。

博罗米尼喜欢用蜡和粘土来做模型推敲建筑的样式，建筑在他的手中好像是柔软的。他的作品圣卡罗教堂（San Carlo alle Quattro Fontane，公元 1638—1667 年）的正立面位于街角（图 7-32），立面用曲线表达，上下两层相互交错、山花断裂，各个部分配置和谐（图 7-33）。当你走进圣卡罗教堂的时候，一定不要忘了仰望天花板，最美的风景就在你的头顶，穹顶内部的十字形藻井天花使得整个教堂的内部形成独特的韵味（图 7-34）。

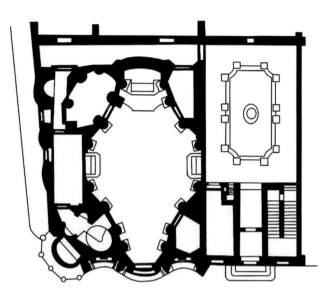

图 7-32 圣卡罗教堂平面

图 7-33 圣卡罗教堂立面

图 7-34 圣卡罗教堂穹顶

博罗米尼的巴洛克风格对意大利都灵的卡里尼亚诺宫(The Carignano Palace in Turin Guarino Guarini)(图7-35)建筑产生了重要影响,卡里尼亚诺宫的立面如波浪般起伏,这种建筑立面样式和文艺复兴时期的古典风格截然不同。卡里尼亚诺宫的这种立面是博罗米尼波浪起伏设计手法在民用建筑中的孤例。

图7-35 卡里尼亚诺宫立面

06
贝尼尼

巴洛克时期著名的艺术大家贝尼尼(图7-36)(Giovanni Lorenzo Bernini, 公元1598—1680年)设计完成了圣彼得教堂内部的华盖(St. Peter's baldachin)(图7-37),华盖用青铜雕刻而成,坐落在圣彼得大教堂的穹顶之下,华盖正下方的地下室是彼得的墓。支撑华盖的四根柱子是典型的巴洛克式麻花柱,柱子有20多米高。在华盖的正下方向上仰望可以看到华盖顶部的圣灵鸽子的

图7-36 贝尼尼肖像

绘画，鸽子展翅有一米多宽。

　　贝尼尼在1655—1667年设计完成了圣彼得大教堂前面的椭圆形广场，广场可以同时容纳30万人。椭圆形广场长轴宽195米，由四排共284根塔斯干柱子组成的柱廊环绕（图7-38）。广场的地面略微有一些坡度，柱廊上有140个圣人保护着基督徒，仿佛圣彼得大教堂伸出的两个巨大手臂，迎接圣徒们来到圣殿。

图7-37　圣彼得教堂内部的华盖

图 7-38　圣彼得大教堂的椭圆形广场

图 7-39　圣特蕾莎的狂喜

　　贝尼尼在 1647—1652 年完成的《圣特蕾莎的狂喜》(图 7-39)是罗马一件非常著名的巴洛克时期的雕塑作品。这是一个白色大理石雕塑群，位于罗马圣玛丽亚德拉维多利亚教堂科尔纳罗礼拜堂的高架壁龛中。贝尼尼用大理石、灰泥和油漆设计了教堂的背景。雕塑描绘了西班牙加尔默罗会修女特蕾莎，她坐在云端与天使相遇，天使正要把神圣之爱的金箭刺入她的心脏，这种刺入心脏的剧痛和灵魂遇到上帝的炽爱交织在一起，使得特蕾莎表现为一种近乎昏厥状态的狂喜。雕塑上方有一个窗户，自然光从窗户射入，照在青铜制成的金色条上，反衬出修女与天使的白色大理石形体，衣服上皱褶的厚重布料雕刻手法也和古典手法不同，增加了场景的动感，创造了一个名副其实的舞台布景。这个作品体现了贝尼尼将建筑、雕塑整合在一起的高超艺术表现力。

07

维尼奥拉

巴洛克建筑代表作品有圣耶稣会教堂（Church of Gesu，公元 1568—1602 年）（图 7-40），它的设计者是维尼奥拉（图 7-41）（Giacomo Barozzi da Vignola，公元 1507—1573 年），圣耶稣会教堂的正立面是一个典型的巴洛克式建筑，它表现为三个方面的特征：第一，立面的柱式使用的是双柱，造成节奏上的变化。第二，大门的正上方有一个圆弧形和一个三角形的山花套叠，样式新奇。第三，由于教堂的中舱比舷舱要高，在两者之间建造了一个反向的涡卷作为过渡，它们只是起到构图的作用，没有实际的功能。耶稣会教堂室内穹顶天花上的彩画也是典型的巴洛克作品，画的主题是《耶稣圣名礼赞》（图 7-42）。一些天使和圣徒采用了动势很强的表达手法，打破了画框，在这样一个穹顶下面，建筑、绘画、雕刻融为一体，彼此的界限消失（图 7-43）。

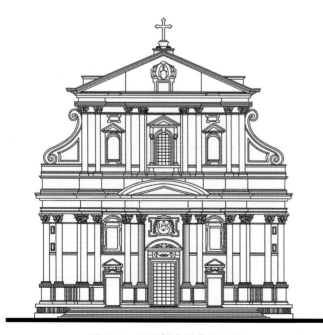

图 7-40　圣耶稣会教堂正立面

图 7-41　维尼奥拉肖像

图 7-42　圣耶稣会教堂穹顶(一)

图 7-43　圣耶稣会教堂穹顶(二)

　　巴洛克建筑也影响并传播到中国，澳门大三八牌坊就是一个典型的巴洛克式建筑的立面（图7-44）。

图7-44　澳门大三八牌坊

中国传统民居建筑艺术(上)

——源远流长

01
引 子

　　华夏文明源远流长，在漫长的历史里，中华先辈在开拓和摸索中积淀下大量的技术与经验，这些宝贵的财富常常蕴藏在我们祖辈曾经奋斗过的各类遗迹之中。2019 年 7 月，杭州"良渚古城"（图 8-1、图 8-2）被世界遗产大会列入《世界遗产名录》。这不仅是联合国教科文组织对中华文明五千年历史的认可，更是国际主流学术界对中华文明的认可。

图 8-1　良渚古城

　　"文明"是一个具有社会含义的词汇，它是人类在历史长河中逐步积淀下来的。"文明"最初具备社会层面的意义，是源自西方学者对资本主义社会形态的分析和总结。在历史唯物主义理论中，"人类文明"被理解为一种社会发展的呈现。20 世纪后，有学者则进

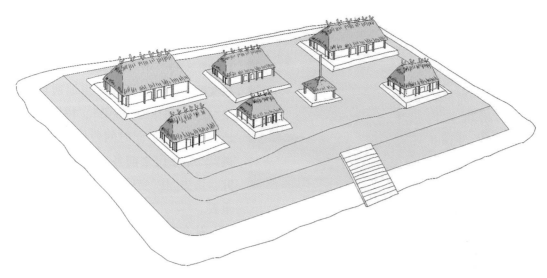

图 8-2　大莫角山台基复原图

（良渚古城遗址中央区域的莫角山宫殿区，约占古城 10% 的面积，它是目前中国考古所知最早的宫城。）

一步阐述说："文明"是一个民族生活方式的方方面面。（Samuel Huntington，美国政治学者）

华夏文明是在中华大地上孕育的，这里的自然环境，这里的物质资源，这里的乡土文脉，都是华夏文明成长的养分。伴随着高科技在全球范围内的快速发展，新材料、新技术、新设备不断被填充到世界的各个角落。由于科技的进步，人类对不同地域的适应能力有所加强，这是一种社会进步的表现。但与此同时，一些过度依托技术，忽略所处自然环境，忽视人文环境的建筑作品也在商业外衣的包装下大行其道，这一动态使我们本土的文化环境被部分"异化"。曾经植根于本土资源，具有鲜明个性的地域文明，则在这样一个背景下被弱化，其势日微矣。寻觅本源，发掘自身竞争优势；重拾文化，坚定符合自身特点的发展方式，成为我们急需解决的问题。在此之外，为了更全面地认识当前所处的社会，我们也有必要去结合实地，对不同的文明加以研究，使我们能更好地理解彼此，实现互惠共赢。

任何一个文明的研究，都脱离不开对其发生和演绎过程的考察。衣、食、住、行是人类生存繁衍的四大基本活动，也是人类文明形成的根基。由于活动是一个动态的概念，它会因为时间的更迭而出现变换。所以，捕捉活动的共性具有一定难度。基于这个原因，我们有必要去寻找一个相对稳定的实体元素，用以作为研究文明的支点。

建筑，作为"住"这一基本活动的空间形态，通常会在相对长的时间里保持着稳定性。同时，因为所使用材料在坚固性和耐久性等方面所具备的特点，个体"住"空间"存世"的时限，也是衣、食、行等活动所联系的实体难以抗衡的。除此之外，建筑即便在被使用者

图 8-3 废弃数十年的窑洞

废弃相当长的时间之后,依旧有可能保存有曾经使用者的行为和习俗的信息(图 8-3)。有鉴于此,我们研究一段文明时,完全可以将当地遗存的历史"住"空间作为"桥梁",用以寻觅本地"土著"在不同时间段中的"文化轨迹"。对近代之前各个地域的文明研究,历史"住"空间的"桥梁"作用尤显重要。

社会进步是不可抗拒的,这是历史的总趋势。人类生产力的发展,科技的革新与新功能的需求推动了建筑朝着多样化、专业化的方向发展。同时,由于信息高速公路的迅速崛起,地理上的距离已不再是人们交流的羁绊,不同地域文化间的互动也不再存在空间、技术上的障碍。通过交流比较,我们会发现在不同区域功能相同的建筑,其在外部形式和内部布局上会存在或多或少的差别。前述的这些差别,通常和本区域的历史文明及地域文化存在千丝万缕的联系。在当今类型众多的建筑中,不同区域普通居民的住宅,因其服务对象的针对性以及目标的纯洁性,往往会成为对地区文化和区域文明表达最为贴合的建筑类型。其中,传统民居更是居住型建筑里对区域文明表达最为简洁、直接的一个群体。所以,了解不同时代、不同区域传统民居的发展,其产生的价值将远远超越出"住"这个活动的本身,它是对一个区域文明的提炼,它是区域文明最基层、最朴实的表达。

住屋是人类所有建造活动的本源,也是人类各类建筑的"始祖"。随着人类物质、精神生活的丰富,宿舍、公寓、别墅等居住建筑成为住屋在当代最直接的传承。居住建筑虽然大多在体量上不那么张扬,它既没有殿堂的辉煌,也没有会所的优雅,但它却会以最简洁、最直白的方式,体现住者的利益;反映当地的环境;运用本土的物产;实现居民的诉求。

02
自然和文化背景

地球是人类当前生存的星球，如果把地球上人类的出现作为世界文明的起始，那么地球至少沉睡了 40 亿年。虽然地球上的原始生命早在距今 40 亿年前就已经出现，但作为万物之灵的人类，却只是在最近的 300 万年才进化出现。这个时间的差距，就好像是在大自然的竞技场上进行了一个半小时的生存争霸赛，人类只是在最后的一秒才以"黑马"的身份闪现于擂台。在人类从其他物种剥离出来后，与人类相关的各类基本活动才真正出现，人类的住屋也是产生在这个时段。

在当今众多的建筑类型里，居住建筑属于人们最为熟悉的建筑类型。无论是在城镇或在乡村，大多数人在一生中的大部分时间都是在居住建筑中度过。然而，由于社会分工的日渐细化，人们在当代获取住屋的主要途径是通过住房市场。在房屋筹划和建设的初期，住房实际使用者的参与程度普遍占比较低，这种情况在城镇住房市场里表现得尤为突出。虽然，住房开发商为了获得较好的销售业绩，会在住房的设计阶段考虑所处区域的风土人情，但因为受制于建筑材料、楼房结构、营造成本等因素，作为商品的居住建筑在对住者的关爱方面却还是略显不足，这在同传统民居进行比较时会更显突出。研究地域文明、研究区块文化，传统民居相对于包括城市商品住宅在内的其他类型建筑具备更真、更高的实际价值，这是因为传统民居的使用者大多会参与自身居住建筑的营造过程，从建设用地的基址选择到内部空间的经营策划，从建设前期的择料选材到建设过程的筑墙叠瓦，传统民居的居民往往会"以身作则"。深受地域文化熏陶的居民的参与，使得传统民居能够更贴切地适应当地住者的民风习俗。同时，考虑到运输手段和经济条件的制约，传统民居的建造材料也基本是就地取材，这更加强化了传统民居在形式表达方面所呈现出的个性。

我国当前有 56 个民族，各民族有着不同的文化传统，生活习惯也是千差万别，这些因素导致各民族的传统民居在建筑平面、空间处置、建造构造等方面各具特色，其结果使得各地各民族在建筑方面表现出彼此不同的艺术效果。

今天，学术界对于中国传统民居的分类有多种版本。但从研究视角出发，这些方法大体可以划分为两大类型。第一种类型是以地域为出发点，依据区域气候、地形特点、文化属性等对建筑进行分类；第二种类型是以建筑特征为出发点，通过对建筑对象在平面形

图 8-4　穴居式民居

式、空间组织、材料运用和构造方式等方面的研究，追寻建筑特征的生成因素，最后甄别形成分类。这两大分类方法各具特色，但在研究价值上却是殊途同归。

刘致平先生在 1956 年提出以住房的样式为基础进行分类。他把民居融于自然环境，结合地域海拔、气候特征、物产资源等要素，将民居划分为穴居式(图 8-4)、干阑式(图 8-5)、宫室式(图 8-6)、碉房式(图 8-7)、蒙古包式(图 8-8)和舟居式(图 8-9)。刘致平先生认为，所谓宫室式是一种穴居与干阑的交融，遍布于中国的南北各地，具体可细分为分散式、一颗印等形式。刘致平先生的这种分类方式，外部特征较为直观，也有利于普通民众把握，本书民居内容的阐述，将以此为基础进行展开。

图 8-5　干阑式民居

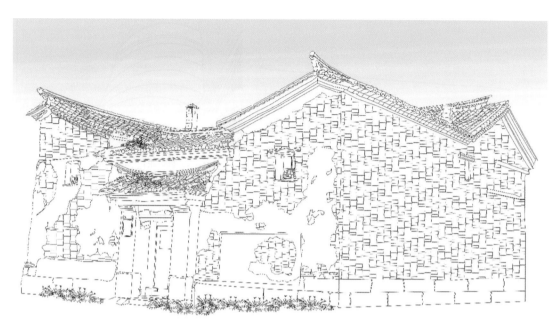

图 8-6　宫室式民居

图 8-7　碉房式民居

图 8-8　蒙古包式民居

图 8-9　舟居式民居

　　人类最早的居所是原始的洞穴，它是大自然馈赠给包括人在内诸多生灵的天然庇护所。北京龙骨山距今五十余万年的北京猿人遗址，辽宁大石桥市田屯村以西距今二十八万余年的金牛山人类生活遗址，辽宁本溪县汤河以东距今二十五万余年的庙后山人类活动遗址，辽宁喀左县大凌河以西距今七万余年的鸽子洞人类活动遗址，辽宁海城距今四万余年的小孤山人类生活遗址，北京龙骨山距今一万八千余年的山顶洞人生活遗址……这些都是人类利用天然石洞进行居住的确切案例。在那个古老的年代，为人们提供庇护的有石质、土质的天然洞穴，一些原始植被在生长过程中所形成的洞窟也曾被人类用作居住。虽然这些洞窟(穴)还不具有人类营造的建筑意义，但它们对人类建筑的产生具有重要的借鉴价值，它们为最初人类建筑的诞生提供了有益的范例。《墨子·辞过》中所记载的"古之民未知为宫室时，就陵阜而居，穴而处。下润湿伤民，故圣王作为宫室。为宫室之法"，就是对这一段历史的记述。现在分布于陕、甘、宁、晋、冀、豫、蒙等地区的窑洞，就是人类穴居生活最为直接且有序的传承。

　　在中华广袤的大地上，远古人类除了学会利用地面洞穴进行居住以外，还曾拥有另一种被称为巢居的居所模式。所谓巢居，就是人们将居所设置在自然原生的树木之上，以木为材，构筑巢穴。由于这类住屋的外部形象宛若鸟类的巢窝，所以命名为巢居。由于巢居在构建过程中多选取木、竹等植物材料作为主要的建材，材料的特性使巢居的建构本体在自然界中不能持久，所以以考古为手段获得古人类巢居标本的证据非常困难。因此，巢居模式究竟起源于何时，一直缺乏确切的实体佐证。巢居作为一种具有材料认知和结构技巧的产品，必须是由人在一定目标引导下，以自己拥有的建造手段有意识地加以创造。相对于自然界的天然洞穴，巢居是一种原始的建筑产品，它是人类建造活动发生质变的直接体现。巢居，又称作橧巢，含有聚集柴薪建造巢形住所的含意。巢居的发展先是由独木橧巢起步，逐渐发展到多木橧巢，再经过伐木打桩的栅居作为过渡，最终形成了以榫卯技术作为基础的干阑建筑。浙江金华黄宅镇距今一万余年的上山人类生活遗址，浙江杭州萧山距今八千余年的跨湖桥人类生活遗址、下孙人类生活遗址，湖南澧县梦溪镇距今八千余年的八十垱人类生活遗址，浙江宁波距今约七千年的河姆渡人类生活遗址，湖北宜昌三斗坪镇距今五千余年的白庙人类生活遗址，云南剑川距今四千余年的海门口人类生活遗址……这些都是干阑式建筑留存至今的遗迹。

按照现在已发现的人类聚居遗迹来看，至少在新石器时代以后，穴居模式和干阑式建筑就已经出现，它们在不同的区域表现出相异的发展态势。在最初阶段，穴居模式主要分布在黄河流域，干阑式建筑主要分布在长江流域。同为中华文化圈，华夏先民的住屋模式为什么会呈现出明显的区域差异？要回答这个问题，我们首先要了解这些区域在当时的文化背景。

第一，对于人类的社会而言，水源是生存环境中不容忽视的重要内容。人类要能够持续有序地生存，对饮用水的需求有时甚至超越了对食物的需求。江、河等水系能为人们提供"取之不尽"的淡水水源。同时，在各水系中生活的水生生物，如鱼类、贝类、龟类等，又能为有一定规模的人类群体提供丰富的蛋白质。所以，大多数人类文明的起点都是发迹于沿江、沿河地带。长江和黄河分别是中国境内长度第一和第二的淡水河系，这两条河系都是发源于青藏高原，它们分别从南、北两个方向横贯中国大陆，由西向东奔流不息。充沛的水源为人类提供了可靠的物质保证，也正是基于这样良好的基础条件，游历于华夏区域内的先民们首先选择了在长江和黄河两大流域进行定居。第二，在中国的境内，南方和北方的自然环境有着较大差异。南方的林木资源较多，气候以湿暖为主；而北方多为草原，气候多表现为干燥少雨。不同的环境造就不同的生活模式，在智人时代，北方人主要通过狩猎获取食物，南方人则通过采摘维持生命。生产方式的差异，直接导致了南、北地区在工具制作和要求等方面出现不同。

根据考古数据，至少在旧石器时代的晚期，中国的疆域范围内就已经拥有了两个石器技术体系，一个是片石器——刮削器技术体系，一个是砾石器技术体系。两大技术体系的影响范畴基本是以秦岭—嵩山—淮河沿线（简称"秦淮线"）作为分界。片石器——刮削器技术体系主要分布于"秦淮线"以北的区域，砾石器技术体系基本位于"秦淮线"以南的地区，这是人们在面对不同资源背景下所采取的适应性策略。

随着社会的进步，与石器技术相对应，同时也是受制于自然环境及资源的差异的影响，中国境内出现了两个不同的农业起源中心，分别是华南片区的稻作文化圈和华北片区的粟黍文化圈，南稻北粟也是中国本土农作物的原始格局。在漫长的发展历史里，19世纪以前的中国经历了几千年的农业社会。虽然粟黍文化和稻作文化最终汇总在一起，成为华夏文明的重要养分，但在农业社会中，农业产品的差异必然会造成经济、文化、社会、习俗等各方面的不同。种植土壤中需要有富足的水分，这是种植稻作植物(包括水稻、旱稻等作物)非常重要的基础条件，这个条件也限制了稻作植物的种植范围。根据植物考古研究的成果发现，在新石器时代，南稻北粟的格局开始被突破，主要体现在原本起源于北方地区的粟黍作物经由不同的途径传播到南方。

其实早在4000多年前，长江流域的文化圈和黄河流域的文化圈就不再单纯，南方文化圈同北部文化圈开始在部分地带进行交流。据考古学家佟柱臣先生分析，汉水流域和淮河流域是南、北两个文化圈碰撞点，被称作"秦岭山脉接触地带"。这一地区的文化，往往受到南、北文化圈的双重影响，成为二者交融的重要节点。

我国在南方地区拥有较大范围的山地和丘陵，这些区域很难适应稻类作物的种植，因此，粟黍作物就趁势渗透到南方，被种植在一些山地和丘陵地区。到了新石器时期的后期，我国南方仅有环太湖地区维持着唯一的稻作经济，南方的其他区域基本都接受了稻作和粟黍相结合的农业经济。

稻类是喜水作物，其种植需要一定的水层环境。因此，稻作区的居民通常会面临较严重潮气问题。经过一段时间的摸索，人们发现由巢居发展而来的干阑式建筑有助于人们对潮湿环境的适应。而且，干阑式建筑对山地环境也有较好的适应性。在缺乏北方土壤"壁立而不倒"特性的条件下，南方地区早期的建筑基本都采用了干阑式的结构体系。伴随着粟黍作物向南方的蔓延，北方穴居的模式也开始向南方传播。"昔者先王未有宫室，冬则居营窟，夏则居橧巢"，这是《礼记·礼运》的一段记载。这段文字告诉我们穴居和干阑建筑也能在相同时空领域共存。在一个建筑中使用多种构造模式，这在当今是极为普通的事情，但对于早期穴居和干阑式建筑的结合，其文化内涵的价值远高于其形式本身，因为这结合体现了两种农业文明的交汇，体现了一种进步。

在当今中国的民居谱系中，特色较为鲜明的主要有窑洞、竹楼、四合院、石碉楼、土楼、蒙古包等几种类型。在这些类型里，既有维护家庭秩序的住屋，也有防范异族侵犯的堡垒；既有悄然隐遁的"洞"房，也有巧妙栖身的竹楼……不同区域相异的表现形式，造就了世间的风情种种。由于民居地域和使用主体的个性差异，一篇文章也不可能完整地叙述出中国民居的全貌。所以，我们将择取一些具有代表性特征的民居类型，通过对其历史、形制、特征等内容的解读，使大家能理解它们。同时，希望大家能够通过我们的抛砖引玉，更多地发现身边的文化，更好地体验居住的乐趣。

03
窑 洞

在中国北方的黄土高原，男人只有在"打几孔窑洞""娶了妻"以后才算成家立业，这种思想在很长的一段时间里都对人们的生活产生着深远影响，尤其在那个以农耕文化为主体的宗法社会。

按照传说，黄帝战胜蚩尤后，当时的各部落酋长就拥护黄帝作为部落联盟的首领。黄帝在任职部落首领期间，为了维护部落联盟的稳定而出台了一系列政策，制止"群婚"。推广实现"一夫一妻"制度就是其中一项重要的内容。由于"群婚"制度的不完善性，部落里时常会出现抢婚现象。那时的抢婚不仅局限于男人抢女人，也出现过女人强抢男人的事件。抢婚过程很难在平和的气氛中实现，因而经常会伴随有部落成员之间的殴斗，这对联盟的稳定是极其有害的。然而，已经习惯于群婚制度的人们很难接受这一改变，如何平稳实现制度的转变，一直困扰着黄帝及其幕僚。在一次巡视部落成员的居住情况时，黄帝注意到有个别成员为抵御野兽的侵害，在自家洞穴外用石头垒砌起高高的围墙，只空出一个可供单人进出的门户。当即，黄帝就召集群臣讨论，建议凡是配做夫妻的男女，在获得部落群民认可之后，将被送到事先准备好的洞窟（房）。这个洞窟（房）的周围被建筑起围墙，进出仅依靠围墙上唯一的墙门。这个围墙可以维护新婚夫妇的安全和合法性，围墙留出的墙门则主要是为男女双方的家人运送饮水和食材所用。新婚的夫妻会在这个洞窟（房）中共同生活大约四十到一百天，他们一起学习烧火做饭，一同学习日常家务，借此来培养彼此间的感情。这个建议最终也获得了部落民众的认可。自此以后，凡是部落联盟中的成员，只有结婚进入洞窟（房）的男女，才能被认定是正式的夫妻。一夫一妻的婚姻制度，也逐渐被落实下来，部落联盟的稳定性也得到了加强。

当今的中国，人们在举行婚礼时常会有一个"入洞房"的仪式，这个仪式代表着一个新家庭的形成。其实，"入洞房"中的"洞"最初就是指代先民们居住的洞穴。虽然，我们现今主要的居住模式早已变成了楼房，但这个对大多数人一生都具有里程碑意义的仪式却始终没有变更过称谓。在农业社会里，窑洞是大多数生活在黄土高原上的家庭的根本，它可以为黄土地上辛勤耕耘的男人们提供身心的庇护，它更是黄土地上女人们操持家务、繁衍后代所依托的平台。

黄河流域孕育了中华民族文明。经过一百余年的研究，我们已经可以确定：覆盖在黄土高原表层的黄土实际是风成堆积物。在不断地风力作用下，位于高原西部的大陆内扬起了细小的砂砾和粉尘。这些砂砾和粉尘同样是在这持续的风力作用下，一路漂浮，逐渐被搬运到当今黄土高原所在的区域。到达黄土高原后，由于受到了山脉的阻隔，大量的砂砾和粉尘最终在这里沉降下来。日积月累，逐渐在这片土地上覆盖起厚厚的黄土层。最终，在第四纪地质时期，这里形成了少则几十米，多则几百米的黄土覆盖层。2007 年 7 月，考古工作者在蓝田上陈剖面中发现了埋藏在原生土层的旧石器，这是当时在非洲之外和古人类旧石器时代相关联的、最古老的地点之一，它证明至少在 212 万年前，蓝田区域就已经有人类的活动。在人类的建构历史里，建筑初始都是要匹配特定的环境、为人们生活服务的。人类生活的环境条件通常包含有自然、人文、经济等内容。这些条件不仅深刻地影响着当地"土著人员"的风俗习惯，它们同时还会影响当地人为空间的构建方式、当地建筑的经营模式。黄土高原在地理气候方面具有鲜明的个性，这里的雨水时常会在黄土的表层冲蚀出多样的沟壑，日积月累，最终培育出当地独具特色、宏阔粗犷的地貌。众多形式丰富、陡度较高的土峰也就此形成。黄土高原的风成性黄土通常具有较好的力学性能，承载能力强，这也就为洞窟的开挖创造了良好的基础。在人类定居黄土高原的起始阶段，这里和世界其他地区的情况类似，人们定居的主要建筑形式是竖向袋形穴。这种竖向袋形穴，实际就是窑洞建筑最初的雏形。随着在黄土高原上生活的人们对周边的环境有了日渐深入的认知，他们逐渐关注到本地所拥有的独特的陡壁土峰，这些坡度较陡的土峰为当地人们提供了一种新的建构方式的可能，最终也促成了当地人造洞穴逐步由竖向掘洞向横向掘洞的转化(图 8-10)。随后，人们逐渐又学会加设砖石内衬来稳固和改善窑洞内的环境。再往后，人们则学会了利用砂浆、卷材等建筑材料，用以改善窑洞内部的潮湿环境。

图 8-10 袋型穴、横穴等早期的穴居型制

窑洞究竟是何时从自然洞穴脱胎，演化成为人类劳动的产品？由于学科的差异和研究视角等方面的原因，学术界一直难有定论。2008 年，中国考古工作者在陕西省的高陵县发现了杨官寨遗址。根据杨官寨遗址出土的文物，再结合现场的建构特征，我们可以断定这是一处新石器时代的遗迹。杨官寨遗址在文化上属于半坡文明第四期，距今至少有五千余年的历史。杨官寨遗址中，我们共发现十七座窑洞式建筑。这十七座窑洞，成排地罗列在一个断崖地带。从这处遗址获得的数据，我们可以断定：华夏先民们开始使用窑洞的时限至少在五千年以上。

在秦岭以北，夹持在太行山与祁连山之间的黄土高原，面积大约是 63 万平方千米。早在龙山文化时期，窑洞建筑就已经广泛地分布在这里的主要区域。在随后的几千年里，窑洞一直也是黄土高原上主要的建筑形式。中国黄土高原窑洞区所覆盖的疆土，是世界其他地区的窑洞片区所不能比对的，涉及我国的陕、甘、宁、豫、晋等地区。由于黄土高原的区域广阔，区域内的地理条件也会有所差异。当地人们在经营窑洞时，也会结合不同的地质和地势条件，因地制宜地建造出适应不同环境的窑洞形式。

在许多人眼中，窑洞是古老生活模式下的一种建筑模式。但当我们静下心来观察就会发现，即便在拥有众多科技成果的今天，窑洞建筑相较于其他建筑，依旧有许多明显的优势。第一，窑洞建筑的施工方便。窑洞建筑在建设过程中，不需要太多的机械设备来辅助施工；第二，窑洞建筑有助于保护环境。窑洞建筑本体在废弃后，相应的建筑材料很容易回归到自然界，不会产生太多不易消融的建筑垃圾；第三，窑洞有利于节约耕地。因为许多窑洞是在竖向陡壁上横向开洞，所以，窑洞对农作耕地的占用是有限的；第四，窑洞建筑在采暖节能方面具有一定的优势。由于足够厚的黄土层具有较好的蓄热能力，对室外温度变化的幅度有较大的削减功效，使窑洞室内的温差变化幅度较室外缩减许多，这有助于在窑洞内部获得较为舒适的生活环境。一般而言，居住在窑洞中的人们会有冬暖夏凉的感受，这也在事实上实现了在保障人们舒适度的情况下，减少因制冷或采暖所付出的能源损耗。

以挖掘为主要建造手段建造的窑洞是中国生土建筑的典型代表。这类窑洞通常是沿山体侧面横向挖掘，或是在平坦地基先向下挖掘，其顶层和两侧的墙体都是原生的天然黄土，我们可以把这类窑洞看成穴居形式的延续。这类生土窑洞不仅是建筑主体是以自然界的黄土进行围护，其院落的围墙等附属部分也都是用生土夯实的方式进行建造，这种建筑材料更是使窑洞在外部形态上与周边的环境融合成一体。生土窑洞的存在，表现出人类与自然界之间的一种和谐，这也是中华文化中天人合一思想的具体体现。

据统计，在 20 世纪 90 年代初期，中国黄土高原上窑洞居民用户人数还高达 4500 余万。在当代社会，一个区域内还能有如此众多的窑洞用户，数据对窑洞卓越性的认可是不言而喻的。随着新型建筑材料的出现以及成熟建筑技术的推广，窑洞在使用过程中所出现

图 8-11 峁丘上的靠山窑

图 8-12 靠山窑

图 8-13 河南三门峡地坑院

的阴暗、潮湿、通风差、采光弱等问题也能够逐渐被解决。新科学技术的产生及运用，必然会使窑洞建筑的生命力得到进一步加强。

传统的窑洞按照所处地貌、挖掘方式、建造手段的不同，可以区分成三种基本类型，分别是靠山窑、地坑窑和锢窑。其中，前面两种窑洞是以挖掘黄土、营造横穴作为主要的修建手段，第三种锢窑则是以堆砌作为主要的建造方式。

靠山窑(图 8-11、图 8-12)又称作靠崖窑，一般是沿着天然形成的土峰立壁或崖沟的边沿处横向凿穴。当建设基地的土峰坡度不是很陡时，基地往往会表现为土梁或是峁丘。在土梁、峁丘上建设窑洞时，建设者一般会把基址切割成若干级台地，利用台阶型台地的竖向土壁横向开凿洞窟(图 8-11)。这样建造起来的窑洞群，下层窑洞的顶面就成了上层窑洞的入口平台或院落。靠山窑的前部一般较为开阔，有利于室内的采光和通风。

地坑窑(图 8-13)又称天井窑，通常是建设在黄土高原上基址较为平坦的地带，基地周边一般没有可供挖掘的崖壁。这类窑在建设时，首先垂直向下挖掘一个深约 6 米的四方土坑，在坑的底部整理平整，形成一个下沉到地面以下的院落。院落形成后，施工者再向下沉院落四个方向上的竖向壁体横向凿穴，窑洞可利用坡道或平巷作为进出的通道。地坑窑的院落多采用接近方形的矩形，形成合院式的建筑布局，房间按朝向划分出正房、厢房和倒座，依照各自所需的功能而进行合理的布局。

锢窑（图8-14、图8-15）是一种以砖、石、土坯等作为主要建材，利用砌筑作为主要的手段所建造的拱券式窑洞式居住建筑。建造锢窑时，通常先用砖、石砌筑起房屋的侧向墙体，然后在其上部以拱券结构竖起屋顶，而后再将建筑的后部用砖或石材进行封闭，并在建筑前部设立门、窗等部件以供人、货的进出，同时兼顾建筑的采光和通风。锢窑在营建时，既可以单独一间独立建设，也可以并列多间进行建设。在有些地方，住户还会建设多个锢窑，让它们围合起来生成一个院落，这就是当地比较有特点的锢窑院。

图8-14　山西的锢窑

除上述三种基本类型之外，还有一种被称为混合窑的居住建筑模式（图8-16），它通常是以靠山窑为基础，结合平坦地段上的土房建筑围合成一个院落。在室外气候条件相同时，窑洞和土房因为其围护材料在厚度和蓄热能力等方面的差异，其室内热环境也会存在有差异，这直接导致

图8-15　陕西延安的锢窑

在外界温湿度相同的条件下，人们在窑洞和在土房中的舒适度存在差异。鉴于这一特点，混合窑的居民拥有更多的选项，居民可以根据季节的不同而选择不同的建筑空间进行更为舒适的生活和劳作。"夏住窑洞，冬居土房"，这是黄土高原上混合窑住户比较常见的生活习惯。

在现实生活中，窑洞既有独立使用的，也有和庭院空间结合在一起使用的。庭院式窑洞（图8-17）通常会在入口空间设置一个入口门楼，用以界定其与公共街道之间的关系。庭院内部正对着门楼地方，一般会布置有一个影壁来挡住街上路人的视线。绕过影壁，就进入家庭性公共空间，这个具有公共空间的四壁内部，就是家庭成员用作生活工作的窑洞空

图 8-16 混合窑的居住建筑模式

间。庭院式窑洞的这种布局,实际起到由外向内,层层递进的空间效果,其空间的私密程度也是逐步增强的。除了界定室内外的关系外,庭院式窑洞的另一个优势就是可以隔绝温差。西北地区的冬季一般比较寒冷,而庭院的使用,可以在窑洞和室外道路之间形成一个屏障,围护庭院的土墙可以挡住外界劲风对窑洞正面开口空间的直接冲击。另外,庭院内被围合的"静态"气场会被太阳辐射所加热,进而提高庭院内的温度,改善热环境。窑洞庭院正是通过这个挡风和蓄热的方式,渐次改善了窑洞内的热环境。从庭院式窑洞在实际运用中的功效进行分析,它对西北地区冬季采暖是极为有益的。

窑洞居室(图 8-18)的内部空间一般比较简单,灶与炕通常是其中最主要的生活设备。在许多窑洞中,炕和灶一般会连接在一起,这样设置的目的是在生火做饭时用燃柴的烟气把炕烧热。盘膝坐于铺着毡子的热炕上,倚着一方小炕桌,这样的画面具有典型的黄土高原风格。由于窑洞一般进深较大,且因为入口门扇的设置导致窑洞可开窗的面积一般又比较狭小,为了提高窑洞内部的照度均匀性,窑洞四周通常会刷上白色的石灰。较大的窑洞还会在纵深方向上设置一个套间,内部的套间可以被用作储藏空间或厨房。

陕西的窑洞主要分布在榆林、延安两市,这里有较厚的黄土层,地表风貌因水土流失而沟壑纵横。基于这

图 8-17 庭院式窑洞

图 8-18 窑洞的内部空间

一特点，陕北的窑洞多采用靠山窑模式。在古代，窑洞属于陕北家庭生活的基础资料。当地的人们一般都会根据不同的使用需求，结合自身经济承担力去建设单孔或多孔窑洞。在近代中国的独立斗争中，延安曾担当过重要的角色，它因此被称作中国红都。作为当时中共中央的办公地点，许多有关延安的影像资料伴随着新闻传播出去。延安的窑洞因为这些影像和画作而被世界所认识，它几乎成为陕北窑洞的代表。

影响较大的窑洞建筑是河南省的康百万庄园(图 8-19、图 8-20)。这个庄园坐落在巩义市康店镇，它被称为豫商精神家园。康百万庄园是以中国传统哲学中"天人合一""道法自然"作为思想基础而营造的。庄园靠崖开凿窑洞、沿街建筑楼房、濒河设置码头、据隘垒起寨墙。康百万庄园历经明、清、民国三个时期共四百余年的经营，最终形成占地 240 多亩，既有黄土高原民居、北方四合院的布局，又有官府、堡垒气势的建筑群。建筑群有 73 孔用砖砌筑的土窑洞、53 座楼房，它们与 1300 多间房舍形成的院落多达 33 个。康百万庄园在邙山和伊洛河间的一块用地上，并列修筑有五座靠崖式四合院，营造出一幅既与自然相和谐，又宜人居住的生活场景。作为传统窑洞建筑群的典型代表，康百万庄园在社会学、建筑学等领域得到了广泛的认可。它与山西晋中祁县的乔家大院、河南安阳市西蒋村的马氏庄园一起，并称为中原地区的"三大民间官宅"。康百万庄园能获得这个殊荣，也间

图 8-19　河南巩义康百万庄园

接地传达出中原乃至全社会民众对窑洞类建筑的认可。

图 8-20 河南巩义康百万庄园窑院

中国传统民居建筑艺术（下）

——丰富多样的地域风情

01
干阑式民居

据《博物志·卷一·五方人民》中"南越巢居，北朔穴居，避寒暑也"的表述，巢居曾经是中国南方地区主要的民居类型。在中国南方，"百越"聚居区水泽较多，导致环境潮湿而虫蛇众多。在研究了鸟类筑巢搭窝的方式后，当地人模仿着建造出一种凌驾于树木上的建筑模式，用以应对湿气和虫蛇威胁。《韩非子·五蠹》中有"……人民不胜禽兽虫蛇。有圣人作，构木为巢以避群害……"的记载，这其实就是历史文献对巢居产生的背景和过程的记载。

巢居(图9-1)的出现，显示了人类应用材料自主营造生活空间的能力，这也是人类脱离蒙昧时代的具体体现。三峡巫山人生活在距今大约200万年以前，我们可以将他们的活动时期界定为人类创造巢居的上限时间。伴随着生产技术的进步，人类逐渐学会了定点耕

图9-1　从巢居到橧巢的发展过程

种和圈养畜禽，通过采摘狩猎所获得的物资在整个生活资料中所占的份额逐渐减少。社会生活内容和劳作重心的变迁推动了南方族群对聚居地块及建筑尺度提出新的要求，巢居模式开始寻求摆脱原始森林的方法。最终，以稻作文明的发展为契机，原有以树木作为支撑主体的巢居模式逐渐被淘汰，代替以用伐木打桩方式建构骨架的橧巢模式。在橧巢体系所生成的建筑中，起居空间大多架空于地面，这种做法使橧巢继承了巢居防范湿气和虫蛇的优点。浙江河姆渡地区早期人类生活遗址中残存有大量新石器时代的木柱，这些生成在距今7000年以前的木柱阵，是目前世界已知最早的干阑式建筑遗址。同样是在河姆渡古人类生活遗址，考古人员还发现了目前已知年代最久远的榫卯结构体系（图9-2）。榫卯结构是中国传统木构建筑的精髓所在，当榫头插入卯眼，木质构架就具有了较高的稳定性。榫、卯构件之间的缝隙和木质材料自身的柔韧性都可以帮助木构化解震动所产生的冲击，这些特点使木构建筑在地震和台风等自然灾害中的生存能力大为提高。

图 9-2　河姆渡遗址木构件榫卯

　　干阑，又可写作干栏。《魏书·獠传》有"依树积木，以居其上，名曰干阑"的记载，这是文献中最早出现"干阑"一词。成书于宋代的《岭外代答》也有"结棚以居，上设茅屋，下豢牛豕"的记载，谈论的还是干阑建筑。中国的汉字是象形字，《说文解字》说"象形者，画成其物，随体诘诎"，实物的简约画是中国汉字最初的来源。在公元前11世纪以前，殷商甲骨文中就已经出现了"家"字（图9-3）。甲骨文中的"家"字，上面是一个"人"字，下面是指代牲畜的"豕"，这和《岭外代答》关于"干阑"的描述正好吻合。在甲骨文中，还有

图9-3　甲骨文"家"字

图9-4　甲骨文"京"字

一些具有干阑形象的文字，如代表圆形谷仓的"京"字（图9-4），其下半部分就有干阑底部架空的象形表达。从现今的考古成果分析，史前期中国干阑式建筑的起源中心应该是在中国南方，相关遗址散布在长江中下游，华南和云、贵等地区。南方不同区域的建筑虽然在发展上相对独立，有的腾空于湿地，有的取平于斜坡，有的升起于平地，表现出多元化的发展态势，但相近的气候或地理条件使这里的住民不约而同地坚持使用干阑式建筑体系。稻作文化是干阑建筑传播的主要推动力，这是被学术界普遍认可的一种观点。由于稻类是一种喜好温湿的作物，水稻在培植过程中，根部需长期浸泡在水里，这就决定了以水稻为主要粮食种植区的自然环境。干阑式建筑由于拥有通过架空层滤去湿气的优势，最终成为稻作文化区早期首选的居住模式。后来，伴随着北方粟黍种植技术向南方稻作区域的传播，包括建筑在内的北方文化也相继进入南方地区，经济作物的多样化导致了同区域内不同族群的聚居环境出现差异，再加上本区域内夯土技术的进步，干阑建筑在南方的统治地位因此发生动摇。大约从良渚文化晚期开始，干阑建筑在长江流域就呈现出衰落的趋势，中国南方地区干阑式建筑的分布区域也开始明显萎缩。1957年开始发掘的云南省剑川县海门口遗址，其文化堆积层断代可以划分为新石器时代、铜器时代早期、铜器时代中晚期三个时期，在第一期文化层中出土了稻、粟等农作物标本，在第二期文化层中出土了稻、粟、麦等农作物标本，在第三期文化层中出土了稻、粟、麦、稗等农作物标本，不同文化层出土的农作物标本证实了北方农业文化向南方的渗透。海门口遗址木桩柱的密集分布区高达20000平方米，且有明显的滨水木构干阑式建筑特征。1958年夏季考古发掘了湖北省蕲春县的毛家咀遗址，出土了众多从新石器时代到西周初期的陶器以及西周时期的铜器。同时，这里还发现有总占地面积达5000平方米的西周干阑式建筑。在遗址之外，考古工作者还在广州等南方地区发掘出土过一些汉代的明器，根据造型判断是干阑式的住宅或仓囷。这些遗址或遗物，都是干阑建筑在南方发展的客观佐证。从宋代开始，干阑式建筑就只出现在西南少数民族聚居区、山区和临水的建筑中。

在当今社会，壮、傣、苗、黎、水、瑶等民族依然采用干阑式建筑（图9-5、图9-6、图9-7）。现在的干阑式建筑，底层基本是用竹柱或木柱建造的架空层，功能主要包括圈养牲畜、置放农具、架离沼泽、取平地势等；干阑式建筑的上层，则是用竹质或木质的板、柱建造的围合空间，功能主要是人类起居、物品储藏等。

图 9-5　湖南凤凰古城的临水干阑式建筑

图 9-6　贵州朗德上寨干阑式建筑

图 9-7 贵州干阑式建筑

02

宫室式民居

在学术界，有关"什么是人类进入文明的标志"这一问题，不同的学科有不同的答案。历史学界认为国家及阶级的产生是进入文明的标志；人类学界以文字的出现作为进入文明的标志；而在建筑学界，则是将人类开始营造城郭宫室作为进入文明的标志。

宫室式民居又称作庭院式民居、合院式民居，是中国民居中重要的一个分支。宫室式民居通常是利用房屋、墙垣、廊的围合生成的以院子为中心的一种建筑模式。根据考古数据，早在仰韶文化的晚期，人们就已经学会了建造直接立于地表的全框架木构屋舍。在对位于甘肃秦安的大地湾四期遗址进行发掘时，共发现有距今约 5000 年的房屋遗迹 56 处，其中有三座房屋遗址的面积在 100 平方米以上，其编号分别是 F400、F405 和 F901。在三处房屋遗址中，编号为 F901 的遗址坐落在聚落的中心，它无论是在结构的复杂程度方面还是面积尺寸方面都是最为突出的。截至目前，F901 遗址也是中国所发现的新石器时代遗址中规模最为宏大的建筑。F901 遗址占地面积达 420 平方米，建筑大体为面南背北平面布局。F901 遗址的中心有一个带有三个前门的梯形居室（图 9-8），室内设有一个大火塘，室前设有轩。这个居室的左右两侧及后部也残存有面积略小一些的房室遗迹。F901 房屋遗址的房室空间的前后及左右分别形成了彼此之间的呼应，平面组织井然有序。杨鸿勋先生根据 F901 遗址的状况，复原绘制出了

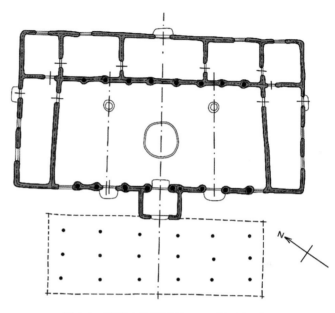

图 9-8 秦安大地湾遗址 F901 平面复原

带有前堂、后室、两"旁"和两"夹"等建筑空间的平面图。这处遗址的发现，证明了至少在新石器时代的后期，我们的先人就已经开始使用宫室式布局的民居形式。F901 遗址的发掘，也让我们触及了华夏建筑的晨曦，感受到中华文化的曙光。

1976 年，考古工作者在陕西凤雏村的西南方向发现一处宽 32.5 米、长 45.2 米，南北走向的西周建筑遗址（图 9-9）。遗址下部是一个夯土台基，高约 1.3 米，全部房屋布置在夯土台上。这处占地接近 1500 平方米的遗址虽没有宏大的规模，但其在史学上的价值却是不可忽视的，因为它是中国有据可查的最早的、形式完整的四合院遗迹。凤雏村遗址包含两进院落，中线由前至后依次设置有影墙、大门、堂屋、居室，建筑东西外缘用通长的厢房围合大门、堂屋和居室的两翼，形成严整的四合院布局。凤雏村遗址的堂屋中心和居室中心被连廊连接（图 9-10），形式上

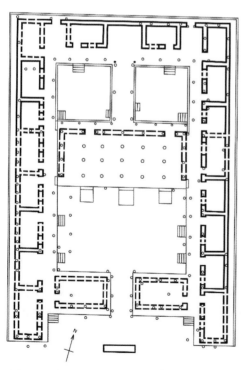

图 9-9 陕西凤雏村西周建筑遗址平面复原图

类似于唐代官署所采用的"轴心舍",后世也称"工字殿"。凤雏村遗址的院落外围设置有檐廊,房屋基址以下还设置有用作排水的陶管及卵石暗沟,这些设置在当时可谓是浩大的工程,它表明这处建筑的主人至少是当时的贵族。在《诗经·豳风·七月》中,对当时普通百姓的描述是"穹室熏鼠,塞向墐户,嗟我妇子,曰为改岁,入此室处"。以当时的技术条件,普通民众是无法完成像凤雏村遗址这样复杂而宏大的建筑工程的。凤雏村遗址虽然是西周时期具有代表性的建筑遗存,但其在平面布局、空间特质等方面,都和我们现今北方明、清四合院极其相似,它从侧面印证了中国建筑的传承,同时也体现出周代的"礼制"在中国宗法社会的持续影响力,从这两个层面上分析,凤雏村遗址无疑是中国建筑发展史上一个重要的里程碑。

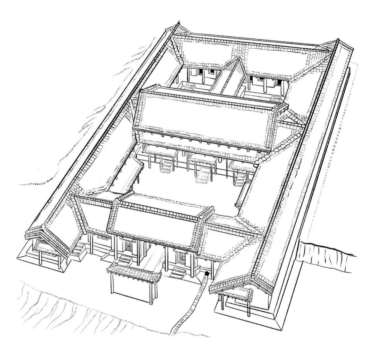

图 9-10　陕西凤雏村西周建筑遗址鸟瞰复原图

当秦国统一中国后,中国的封建社会开始步入发展的上升阶段。在这个时期,冶炼技术的提高以及铁质器具的普及推动了整个生产力的发展,社会财富因此获得进一步的积累。秦朝建立后,国家财富的积聚也推动了建筑活动的繁荣,七个诸侯国的建筑技术在统一的国度里获得了融会贯通的机会。中国不同区域的民间建筑风格也因统治者的政策而逐渐趋向整合,表现出的基本特征就是在平面上强化了中轴线序列,两翼的建筑形体是以中轴为基准而实现对称的布局,这一特征也是自秦朝以后的两千余年里,中国主体建筑布局的基本要点。

庭院式住宅在居住建筑中所占的比例在刘汉王朝有了进一步的提升。这个时期,富豪官绅常建造两进或是三进的庭院式住宅。画像石、画像砖是汉代墓室等丧葬建筑上的构件,上面通常浮雕有墓主人在世时的世俗生活或神仙世界。由于中国古人有"事死如生""事亡如存"的理念,所以,这些画像石、画像砖通常会展现出一些墓主人生前活动的场景,其内容涉及生产、市井、出行等方方面面。成都博物馆收藏有一块东汉时期的建筑画像砖(图9-11),砖上镌刻有一个型制规整的并列两进庭院式住宅。从这块画像砖上动物和人物的配置情况,我们可以判断出画像砖左路的两进院落是建筑主体,左路第一进院落是前院,左路第二进院落是主人待客及生活起居的主要空间。画像砖右路两进院落为整个建筑的附属部分,右路第一进院落设有水井和庖厨;右路在第二进院落设有一个两层的高楼,应为守卫、求仙或仓储空间。这块画像砖的画面充满了生机,为我们展示了一个汉代富庶家庭的生活实景,图中庭院式住宅的场面,更为这种类型建筑在汉代的运用提供了确切的佐证。另外,汉代有厚葬的习俗。在东汉墓中,时常会出

图 9-11 四川出土东汉画像砖上的纹饰

图 9-12 表现农家院落的汉代明器

土一些明器(图9-12),其中一些表达建筑的明器会在屋舍的外围绕以围墙,墙内设置庭院、猪栏等建构,这也是庭院式住宅在汉代流行的重要证据。

1959年,在西安中堡村曾发现过一处唐代古墓。经考古发掘,现场出土了众多精美的

陪葬品。其中，最为独特的是一组用唐三彩烧制的庭院式建筑群(图9-13)。这组明器包含九间房子、一个攒尖四角亭、一个攒尖八角亭和一件假山，主要建筑都有序地布置于纵向轴线，各单体建筑依照四合院的形式组织成两进院落。现在，这组三彩院落被收藏在陕西历史博物馆，虽然它只是一件明器，但在唐代建筑实物缺失的情况下，它对我们了解唐代的宫室建筑有着极高的价值。西安古称长安，曾经是唐朝的政治中心。三彩院落出现在西安，证明合院建筑在当时的民间是有较高认可度的。

图9-13 复原的唐三彩院落模型

　　遗留至今的宋代遗构，实物并不多。但由于两宋时期界画技术的成熟，再加上宋徽宗对写实主义的大力推崇，宋代建筑类绘画作品对当时建筑的研究无疑具有很高的参考价值。张择端作为画师，曾经在宋徽宗的翰林图画院中供职。他的界画功底深厚，绘制有《金明池争标图》《清明上河图》等画作，这些都是属于国宝级的绘画作品。其中，《清明上河图》被珍藏在北京的故宫博物院(图9-14)。张择端所作的风俗画《清明上河图》，表现的是北宋末期汴梁城的社会现实状况。《清明上河图》中，有关建筑内容的表达极其丰富，涉及宫苑、寺观、商铺、民宅、城垣等项目。这幅画作如能配合孟元老所写的散记文《东京梦华录》，则可以使我们穿越宋代感受繁华的城市生活。从《清明上河图》中的建筑表达(图9-15)，我们可以了解当时的房屋多是长方形平面，部分住宅采用合院式布局，几处大宅还拓展有横向跨院。另外，《清明上河图》中还画有酒楼类的公共建筑，其中部分酒楼采用了多进合院式组合。

图 9-14　清明上河图

　　绘画作品对于历史建筑型制的记载虽远逊于历史实物，但却比以文字为主的史传记载更为直观和真实。现在落户在山西芮城的"大纯阳万寿宫"，是在元朝定宗贵由二年（公元1247年）开始破土兴建，到元朝惠宗至正十八年（公元1358年）落成。"大纯阳万寿宫"是为了纪念吕洞宾而兴建的，初建基址位于永乐镇，所以又称作"永乐宫"。因为修建黄河枢纽工程三门峡水库，从1957年起，在对永乐宫的搬迁基址进行了勘察、选址、测绘后，

图 9-15 清明上河图局部

又对殿内的壁画进行了临摹、揭取和修复，最后用时近九年才完成原样搬迁，重新安置在山西芮城县境内(图 9-16)。永乐宫搬迁工程力求最大限度地保持了建筑和壁画的原貌，其中仅殿内壁画的临摹工作，就用时超过 1 年的时间。永乐宫壁画的揭取工作开始于 1959 年春季，1000 多平方米的壁画被切割成 340 多块以便于搬运。永乐宫搬迁工作极为成功(图 9-17)，建筑风貌、殿内壁画都得到最大限度的保护。永乐宫中纯阳殿的壁画是元代绘制的杰作(图 9-18)，也是中国古代画作中的精品。在纯阳殿的壁画作品里，衡州肃妖、瑞应永乐(图 9-19)、济慈阴德等图所表现的大户民宅，都是合院式住宅。这些元代创作的壁

图 9-16 永乐宫景区入口

画，向我们表述了合院式住宅在元代民宅体系里的有序传承。

图 9-17　现位于山西芮城的永乐宫

图 9-18　永乐宫纯阳殿

图 9-19 永乐宫的纯阳殿中的壁画——瑞应永乐

在中国的传统文化里，"国"与"家"有着密切的联系。中国的"国"的含义，更多被认为是一个巨大的家庭，家中的成员，都是兄弟姊妹。即便在今天，这种思想还根植在许多国人的内心。出于对社会秩序的重视，明朝对住宅制度的关注度超越了以往任何时期。统治阶层强化了住宅制度的管理，细化了建筑的有关规定，用以强化在国家以内的等级控制。在不同类型的民居中，合院式建筑因为具备轴线和院落进阶而被统治阶层所推崇，这也使得合院式建筑从明朝开始占据了居住建筑的主要市场。虽然，由于距离的远近以及时间的延伸，建筑等级制度的实施力度有所差异，但它作为一个国家的纲领性指针，深深地影响着整个国度的建筑型制，尤其是那些有着官方背景的官式建筑体系。合院式建筑在中国民居领域的统治地位，一直延续到中国的民国时期。

住宅的"教化"功能，明朝以前就已经被上层人士所关注。《四库全书》收录有一部《黄帝宅经》，传说是黄帝编著的典籍，它是流传至今最早的讲述住宅风水的典籍。在《黄帝宅经》的开篇序言部分写道："夫宅者，乃是阴阳之枢纽，人伦之轨模，非夫博物明贤，无能悟斯道也。"这里所说的意思就是：住宅是阴阳气息相交汇的场所，其格局布置会影响到家庭生活的秩序和成员间的和睦。

中华民族是礼仪之邦，中国自古就注重品德教育，礼制也是宗法社会阶段人们的行为规范。剖析《黄帝宅经》，封建制度下的中国住宅不再仅是"遮风挡雨"，它还是在宅院中生活的幼童的启蒙"老师"，它也是维护家庭伦理秩序的强力"机关"。在这些功能的需求下，"礼制"的典章被转化为建筑的型制，在日常起居的过程中，对人们施加潜移默化的影响。

在《黄帝宅经》总论部分，编者借用卜子夏的口叙述道："人因宅而立，宅因人得存，人宅相扶，感通天地，故不可独信命也。"这段话是要告诉读者，住宅用建筑的语汇表达出社会的人文内涵，用墙、柱等实体生成轴线序列，用以引导和启蒙人们的思想，确立社会的基本单位——家庭的生活秩序、长幼关系；与此相对应，人的设计和经营是住宅得以保存和继续使用的基础。所以，人与住宅的关系是相互依存的，不可偏袒一方。

庭院式住宅是中国最为常见的一种民居形式。这类民居通常是以一个三间的房屋作为基本单位，并在四个方向上用房屋和墙体围成院落。庭院式住宅按照围合面的组成内容可区分为二合院、三合院、四合院，也有部分采用一合院。在四种庭院式住宅形式里，四合院因为具有明确的轴线，且住宅与外部的联系主要以大门作为衔接，这些特征有利于宗法社会中家庭乃至国家秩序的确立，因而得到上层统治者的推崇。在中国封建社会后期，上至皇亲国戚、下至富贾豪绅，其居住建筑的型制基本都是采用四合院的形式。

北京的四合院是宫室式民居的典型代表，其中"四"字代表东、西、南、北四个方位，"合"字代表房屋围合，即四面用房屋围合成院子（图9-20）。北京四合院也是中国传统民居的典型代表，这不仅是因为北京的四合院具有鲜明的空间布局特征，更是因为它潜移默化地体现出中国传统的文化观和价值观。

图 9-20 北京四合院

今天的中国有一个被称作"红学"的学问,"红学"涉及的领域涵盖到哲学、史学、文学、心理学等内容,"红学"所有的研究都是以《红楼梦》这一著作为核心而展开的。《红楼梦》是中国古代的四大名著之一,作者是清代作家曹梦阮,号雪芹、芹溪。一部文学著作催生出一门学问,这足以证明其在中国文化领域的不菲价值。自胡适等人将西方现代学术手段引入"红学"的研究以后,"红学"就与"敦煌学""甲骨学"等共同构成了20世纪中国的三大"显学"。《红楼梦》备受关注,主要是因为它真实地反映了18世纪前期中国社会各层面的诸多内容。我们甚至可以说,《红楼梦》是作品所描述时代社会生活的一部百科全书,具体内容包括有礼制风俗、官吏职衔、服装饰品、建筑园林……纵观《红楼梦》整个故事的内容,其主要的情节基本都发生在大观园和贾府(包括宁国府和荣国府)这两处(图9-21)。因此,《红楼梦》包含了比较多的关于园林和建筑规制的表述。隶属于不同阶层的多个角色分别用自己的视角去观察大观园,去认识荣国府。通过对这些具有不同身份的人物的心理和言语的描写,曹梦阮给我们展示了一个隶属于他那个年代贵族阶层的生活起居,具体到建筑则包括格局布置、装潢雕饰、构造细部等内容。荣国府的第一代主人是被封为荣国公的贾源,他是作品所描写皇朝的开国元勋。荣国府作为京城重臣的家宅,采用的是典型的四合院式建筑。因为荣国府地处国家的统治中心,再加上作者所处年代统治阶层对国家秩序的强调,所以,无论是从荣国府的建筑布局或是装饰手段,都最为正统地表达出故事主人公所处年代最具传统的文化理念。

《红楼梦》在第三回里，描写了林黛玉初进贾府的片段。在这个章节里，作者通过林黛玉的眼睛，把贾府的空间格局展示给读者。我们不妨进入《红楼梦》的意境，跟随林黛玉的慧眼和思想，认知一下18世纪前期中国达官显贵的宅院形制。

"进入城中……又行了半日，见街北蹲着两个大狮子"，这段文字介绍了宁国府宅基址的朝向；而后见到"三间兽头大门"，说的是建筑入口大门的规制；"正门上有匾，匾上大书'敕造宁国府'五个大字"，这段语句点明刚才所描述的建筑主角。

过了宁国府，"又往西行"，"照样也是三间大门"，便是"荣国府"……林黛玉的轿子只进了(荣国府的)西边角门。文中一个"只"字，表现了林黛玉的心思，也说明了荣国府西角门的通行等级。另外，这段行文还让我们读到了宁国府和荣国府都

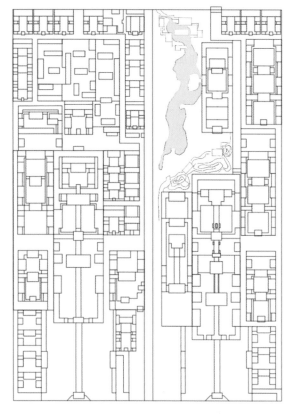

图 9-21　大观园总平面图

是采用"三间大门"。中国封建社会后期，等级制度十分严格。人的社会地位不同，其所使用的住宅、家庙等建筑的型制、规模也会不同，具体体现在大门、照壁、庭院、围墙等方面。其中，大门作为进入建筑的门户，作为外界了解整个建筑最显而易见的窗口，被赋予极为清楚的等级意义。自周朝建立以后，《周礼》就对建筑中大门的规制、装饰有了明确规定，具体到间数就是"天子五门、诸侯三门"。从这个规定，我们可以知道当时建筑大门的象征意义已经超越了门自身的功能。今天，我们可以看到作为明清皇城城门的天安门，就是五间大门，而宁国府和荣国府的三间大门，应是属于封疆大吏级别的爵位。

小说继续描述道："走了一射之地"，抬林黛玉进"荣国府"的轿夫"便歇下退出去"，另有几个"衣帽周全"的"小厮"再次抬起轿子，转弯来到一个"垂花门"前落下，林黛玉下了轿子，步行进入垂花门。这段文字描述了两队抬轿人员的更替，侧面表达了荣国府不同院落的活动人群是有级别差异的；林黛玉由坐轿子到步行，则表明了所进入院落生活场景的变化。

文中描述林黛玉穿过垂花门后，看到穿堂居中，两侧伴有抄手游廊。在穿堂放着一个"大插屏"，转过这个"插屏"，是一个较小的"三间厅"，其后就是"正房大院"，大院正中

是"五间上房"……听见有人说话"林姑娘到了"。在林黛玉行进的途中，这看似简单的一"穿"一"转"，生动委婉地表达了荣国府的庭院组织，使读者仿佛身临其境，感受到荣国府气魄，认识到那个年代显贵宅第的建筑格局。

《红楼梦》中的贾府，实际就是一个典型的四合院。四合院属于庭院式住宅类型，它具有深厚的历史底蕴。《红楼梦》的故事虽然是围绕一个家庭而发展，但读者可以从中看到一个封建王朝的兴衰；《红楼梦》的故事虽然主要发生于贾府，但读者可以从中窥视到家国的兴衰之叹。从这部名著的成功，我们也可以感受到四合院与中国传统文化之间确实存在有密切的联系。宗法礼教思想对四合院的型制具有深刻的影响，尤其是在建筑的布置格局方面，这也使四合院成为最具代表性的中国传统民居类型。

从考古的实物证据来看，中国四合院的使用年限至少有三千年。北京地域范围内最早的四合院遗址，是距今约700年的后英房遗址，属于元朝纪年时期。所以，学术界常将元朝作为北京四合院的历史起点。北京的四合院一般采用南北走向轴线对称的方式来处理房屋及院落关系，这种布局有利于突出房屋的主次关系，有利于组织家庭生活的长幼秩序。从建筑结构来看，传统四合院中的建筑多采用砖木混合结构，木构抬梁是它的主要受力结构，建筑的砖墙仅仅作为空间界定的手段，不承受外力作用，这样的结构体系，对于建筑抗震、抗风极为有利。相对墙体承重，四合院建筑在发生自然灾害(地震、洪水)时的安全性会更好，这也体现出四合院建筑里的"人本主义"思想。

明清时期，北京四合院的布局有"坎宅巽门"的说法。"坎"代表北部，在《易经》八卦中对应着"水"。四合院正房一般布置在正北居中(图9-22)，有规避回禄之灾的心理。

图9-22　拥有三进院的民居四合院

"巽"代表东南端，在《易经》八卦中对应着"木"，宅邸大门设在建筑的东南端，有追求财源广进的祈福（图9-23、图9-24）。其实，隐含在这"良好祝愿"背后的是房屋建设与自然规律的契合。主房向南，背风朝阳，有利于房屋具备冬暖夏凉的条件。

图 9-23　北京四合院宅邸大门

标准的北京四合院，大门的入口会正对一个照壁，主要作用是作为建筑群前面的屏障，以别内外。进入大门向西，便到达四合院的前院。前院的南侧设立倒座，一般可用作客房、私塾、杂物间、男仆卧房等。前院北墙居中设有一个垂花门，穿过垂花门就是内院。内院居中正对垂花门的是一个三开间的正房，这里通常住着家庭中辈分最高的成员。正房东、西两侧各配置有一个三开间的厢房，按照中国古代"左尊右卑"的秩序，家中长子居于东厢房，次子居于西厢房。在正房的两翼，还会延展配置东、西两个耳房，作为正房的套间。内院的垂花门、厢房、耳房用抄手游廊连接，四个方向的房屋围合生成了完整的院

图 9-24　北京四合院宅邸大门

子。在有的四合院里，正房后面还建有罩房，主要用作布置勤杂用房，包括厨房、厕所和杂物间等。对于大家庭的四合院，还可以在轴线进深方向进行增建，冠名为"进院"，四合院平面呈"口"字的称作一进院落，呈"日"字的称作二进院落……若纵深延伸后建筑依旧不够使用，四合院则可进一步向左右两翼增设跨院，这也体现出四合院所具有的无限适应性。

四合院的庭院里通常种植着花草树木，有的庭院还摆放上盆景和假山（图9-25、图9-26）。内庭院中这样的配置，不仅有利于体现建筑内部与自然界的亲近，同时还有利于增加家庭成员在日常生活里的趣味性，帮助提升整个家庭的生活品质。"天棚鱼缸石榴树，先生肥狗胖丫头"是早在清代就流传的一段有关北京四合院的俗语，前半句描绘的场景，就是当时四合院里典型庭院布置。

图 9-25 四合院庭院空间的惬意

图 9-26 四合院的庭院空间

北京是中国元、明、清三朝的政治中心,四合院与北京这个城市经过了 600 余年的磨合,形成了一个极富文化内涵的民居体系。作为具有悠久历史的传统民居,北京四合院提炼了宫室式民居的精华,同时还在营造思想上融入了中国优秀的传统文化,它无疑是中国传统民居中最具有代表性的类型。

03

碉楼式民居

秦朝以前，诸侯纷争推动了城市防御工程的发展，角楼、望楼等具备防卫性特点的建筑形式大约就是在这个阶段被创造出来。从称谓上分析，"角楼"反映了该建筑形式在防卫建筑体系中所处的位置；"望楼"则反映了此建筑形式的功能是用于登高远望、预警防御。

两汉时期，由于赋税、徭役、战乱等问题，社会的稳定性较差。在这一背景下，作为社会基本单元的家庭十分注重自身的防御和安全，一些具备防卫性质的建筑形式及相关设施，包括坞堡、角楼、望楼、围墙、复道等，纷纷被运用于居住性建筑的建设之中。目前，我们还没有发现遗存至今的带有防御色彩的汉代民居实物，但一些陪葬的明器、壁画、画像砖等，可以在侧面帮我们证实这段历史的存在。广州东汉墓出土的陶制坞堡模型、沂南东汉画像石墓的庭院角楼画像石、安平东汉壁画墓中的五层望楼壁画、鄂托克旗凤凰山东汉壁画墓的庭院建筑壁画、濮阳宋耿落汉墓出土的带有复道的陶制仓楼……都是汉代防卫性建筑或构筑用于居住建筑的重要佐证。据《后汉书·南蛮西南夷列传》所记载："……元鼎六年，以为汶山郡……其山有六夷七羌九氐……皆依山居止，累石为室，高者至十馀丈，为邛笼"，碉楼在西汉元鼎六年以前，就已经被作为羌、藏等少数民族的民居形式。汉朝的碉楼，其围护结构是以石头、土等材料浇捣而成，因而在外部形象上显得厚重而坚实。当时的碉楼，无论竖向尺度多高，都统称为"邛笼"。

东汉末年开始，中国经历了三国鼎立、十六国、南北朝等阶段，不断的社会冲突加大了人们对住家安全的重视度，大量的民间居住建筑采用了带有防御性质的城堡式建筑模式。

唐朝魏征主编的《隋书》，是一部纪传体的史书。在《隋书·列传》的第四十八卷，记载有："附国者，……无城栅，近川谷，傍山险……故垒石为口巢而居……其口巢高至十余丈，下至五六丈，每级丈余，以木隔之。基方三四步，口巢上方二三步……于下级开小门，从内上通，夜必关闭，以防贼盗……"通过这段文字的描述，我们可以清楚地了解到隋唐时期碉楼的大致状况，包括当时碉楼修建地的地貌、碉楼所用建材及碉楼建筑特定的防御对象等内容。

明朝史地学家顾炎武在其所著的《天下郡国利病书》里记载有："垒石为碉以居，如浮图数重,门内以辑木上下,货藏于上,人居其中,畜圈其下。"这表明碉楼的顶层是储藏空间,底层是圈养牲畜的空间,而人的日常起居,则是在碉楼的中间楼层。该书还撰述有"高二三丈谓之邛笼,十余丈者谓之碉",由此可见,当时的人们已对邛笼(碉房)和碉(楼)进行了分类,其差别主要体现在竖向尺度上面,碉(楼)较邛笼(碉房)会更高,邛笼(碉房)一般二到三层,也可称为"石室""达雍"。

碉楼自产生之初,防御盗贼就是其主要功能,其在社会不稳定时期的应用区域较为广泛。自中华人民共和国成立之后,国内社会趋于稳定,为适应新的城市发展需求,许多地方的碉楼被拆除。当前,碉楼建筑实体主要保留在青、藏、滇、川、粤、闽、赣等省份。

青海南部、四川西北部的藏、羌民族聚居区,历史上曾经因为民族矛盾而时有冲突。因此,该地区兴建碉楼之风极盛(图9-27)。碉楼中有一类是两层或三层的以住人为目的的类型(图9-28、图9-29、图9-30、图9-31、图9-32),可以被称为碉房。民族区域的碉房,首层空间多用作杂物堆放及圈养家畜,二层空间通常为主人起居,而三层空间,则是用作物资储备及佛堂。在封建社会,普通百姓的碉房通常独立成栋,而贵族阶层的碉房,则往往配有防卫用的塔楼和院落。

图9-27 羌寨碉楼

图9-28 藏族碉房(一)

图 9-29 藏族碉房(二)

图 9-30 藏族碉房(三)

图 9-31 藏族碉房(四)

图 9-32 藏族碉房(五)

北宋末期，金人进犯，首都开封陷落，徽、钦二帝被掳燕京，大批北宋皇室南逃到达闽、粤地区，许多中原的子民也随着北宋皇室迁徙到闽、粤地区，其中许多是举族南迁。当时福建的西南地区地险人稀，这里也是闽南本土居民和客家人的杂居区。由于这个地区常有盗贼出没，所以，迁居于此的客家人便选择了一种能够聚族而居，且明显具备防御功能的土楼作为家族人员的栖身之所。闽南土楼采用了类似中原地区"合院制"的布局，而其内部通廊式的衔接方式，又暗含有当地少数民族"排屋"布局的影子，这是一种中原地区与闽南本土文化交融的结果。闽南的土楼，整体的外部形象基本受制于方形、圆形两种建筑平面型制(图 9-33)。其中，主体建筑为圆形平面的土楼在数量上占绝对优势。

图 9-33 永定土楼

圆形土楼的圆心部位，一般会建造有一个平面为方形的建筑体(图9-34)，作为中同族人的祠堂、学堂空间。土楼的这种布局，既体现出"天圆地方"的哲学认知，也反映出耕读传家的中原文化在闽南客家人中的传承。土楼的外墙为防止水汽的影响，其底部一般采用溪石砌筑，主要是预防地潮甚至洪水浸泡所导致的墙体倾覆。土楼外墙的上部，为防止风雨影响，兼顾人们对舒适性的要求，一般采用质量比为1:2:3的黄土、石灰、砂石，再配以糯米水、蛋清、红糖混合，筑成三合土墙体(图9-35)。福建土楼通常筑造3到4层(图9-36)，一层是厨房和餐饮空间，二层作为粮食、谷物的储备空间，三层以上才是人们的住宿空间。福建土楼垂直方向上的这种用途分区，既有利于人们的身体健康，也有利于土楼的整体防御，因为一、二层没有人员居住，外墙可以不开设对外的窗口。

永定土楼中，有一个型制比较突出的个例——五凤楼(图9-37)。这座土楼在平面上参照了北方四合院建筑的布局，立面上则将两翼的厢房抬高，同时，位于轴线上的三座中堂在竖向上逐级抬高，使其与两侧毗邻的横屋、厢房构成如"凤凰展翅"的"吉象"，楼名也因此而得。五凤楼的建造，直观传递出闽南客家人同中原文化之间的关联。

图9-34　永定土楼内部空间

图9-35　永定土楼墙体

图9-36　永定方形土楼

图9-37　福建永定五凤楼

　　根据文献记载，福建土楼最初出现在宋、元时期，兴盛于明、清两朝，每一座土楼，都蕴含着一个家族的奋斗历史，也反映了中华大地不同民族之间的水乳交融，它表达的是乡土与文化默契。

　　广东江门号称中国第一侨乡，五邑侨乡旅居海外的华人多达百万。由于中国的传统风俗，许多华侨都会在积累起足够的财富后，回乡兴建居住型建筑。为了更好地守护财富及家人，华侨多会兴建具有防御性能的碉楼（图9-38、图9-39、图9-40）。从史料信息看，无论是碉楼建筑的建造时限或数量，开平市都是广东地区最为突出的。开平碉楼最迟在明朝末年开始兴建，现存开平最早的碉楼是迎龙楼，又称迓龙楼，为砖木结构体系。建筑现存三层，一、二两层为红泥砖砌筑，是明朝原物，三层为青砖，是1920年加建，屋顶采用传统的硬山顶，现建筑总高11.4米。迎龙楼四角建有塔楼，二层、顶层设有防御用射击开孔，防御目的十分清楚。开平碉楼由于具有侨民的基因，形式上众彩纷呈，有传统的硬山式样，有舶来的古罗马式、巴洛克式、新古典式、德国城堡式……开平碉楼的平面常采用"三间两廊"布局，其居中的一间是家庭聚会、会客活动的核心空间，两侧分列有卧房、厨房及储藏空间。建筑的顶层，通常还设置有祖龛。抗日战争前期，广东地区的碉楼建设渐渐减少。

图9-38　开平碉楼（迎龙楼）

图9-39　开平碉楼（云幼楼）

图9-40　开平碉楼（铭石楼）

04
蒙古包

蒙古包是游牧民族在特定的条件下，为适应相应生产特点及生活习俗而创造出来的，是一种带有流动性特点的居住形式。同在固定区域种植农产品的"定居"模式相比较，蒙古包属于一种"旅居"性质的居住文化。

根据北魏郦道元所著《水经注》中关于"画石山"的相关描述，阴山山脉所发现的"岩画"就有毡帐的形象，这也是目前已知最早的蒙古包类建筑形式。从这段岩画被创作的历史时段判断，人类至迟在青铜时代就已开始使用毡帐。后来，在东胡和匈奴活动的区域，毡帐逐渐演化为用红柳条为骨、毛毡为皮、牛毛绳固定的穹庐样式。这个时期，为了减少草原劲风的影响，蒙古包多采用东向开门。根据一些辽代墓穴中石棺画的形象，当时的毡帐已较多采用半圆形顶的样式。

当成吉思汗建立起草原地区的统一政权后，国力的变化推动了蒙古包技术的发展。由于草原经济主要依赖游牧生产，迁徙成为牧民起居生活中一个非常重要的关键词，可移动的毡帐也是在这一背景下被创造了出来。据南宋彭大雅所著《黑鞑事略》记载，蒙古可移动的毡帐具体有两种型制。一种是"用柳木为骨……面前开门，上如伞骨，顶开一窍"的"马上可载"的"燕京之制"；一种是"用柳木织成硬圈，径用毡挽定"，"车上载行，水草尽则移"的"草地之制"。宋元时期，蒙古族人无论身份贵贱，都是居住在穹庐毡帐之中，主人身份的高低主要通过毡帐的大小来显示。普通民众所居住的小规格蒙古包，一头牛即可拉动迁徙；贵族阶层生活的大型蒙古包，则需要多达数十头牛来实现搬运。

蒙古包脱胎于毡帐，在几千年的岁月里虽屡经改良，但它一直是北方游牧民族主要的居住模式，即便在今天，蒙古包依旧是蒙古族聚居区极富特色的地方居住模式（图9-41、图9-42、图9-43、图9-44、图9-45）。如今的蒙古包，早已深深地融入蒙古族的文化之中，它是游牧社会的基本组成单元。

传统的蒙古族家庭，经济收入主要是通过畜牧业获取，这种产业特点使得以家庭为单位的蒙古包都是按照点状进行建设。进入20世纪以后，工业文明对游牧文化产生剧烈冲击，原属游牧部落的许多成员或被动或主动放弃了祖辈的畜牧业而从事其他现代产业，产业的变化使得这些人员逐步采用更为坚固的砖石房屋进行居住，传统的蒙古包则更多是被运用到旅游产业之中（图9-46），成为人们了解游牧文化重要的载体。

图 9-41 蒙古包(一)

图 9-42 蒙古包(二)

图 9-43 蒙古包内部(一)

图 9-44　蒙古包(三)

图 9-45　蒙古包内部(二)

图 9-46　服务于旅游业的蒙古包

05

舟居式民居

　　舟居式民居又可称为"船屋"，是水上产业的从业人员在工作和生活中逐渐开发生成的一种建筑形式。按照民居主人从事行业的差异，我们可以把舟居式民居划分成"生产型舟居"和"贸易运输型舟居"。

　　生产型舟居是指以泛舟捕鱼作为主要产业渔民所采用的船屋（图9-47、图9-48）。捕鱼是人类最古老的生产方式，这种生产模式一直延续到今天。当渔民所使用的渔船兼顾有打鱼作业和居住生活等两大功能时，就形成了"生产型舟居"。

图 9-47　渔民的舟居

图 9-48　渔民的舟居内部

　　贸易运输型舟居是指船屋的主人主要从事贸易运输。按照所运送对象的不同，这种船屋具体可区分为货船、客船、客货两用等三种类型。

　　船屋在平面上一般可分为三段，由前至后依次为船头、船舱、船艄三个部分（图9-49）。船舱是船只重要的功能区，竖向可以是一层或多层空间，船客、货物通常会被安置在这个区域。船艄是指船的后部，一般是船主作业和生活的空间。由于水面生活和居家的需要，船屋甲板下部通常还设有储备生活物资的底舱。

　　按照建造材料的不同，船屋可区分为木船、水泥船、铁壳船等类型。其中，木质船屋是用木料建造的船只，其历史最为悠久；水泥船是用钢筋、钢丝网、水泥等建造，最早出现于 19 世纪中叶；铁壳船是以型钢、铁板作为原料制造的，最早出现在 19 世纪下半叶（图 9-50）。

图 9-49　贸易运输型舟居

图 9-50　贸易运输型舟居

　　舟居式民居是一种以船为家，居住者的饮食起居几乎不离开船体本身的生活模式。随着生产力的发展和社会的进步，我国积极推进渔民上岸工程，广大水上作业者的生活条件因此得到极大的改善。舟居式民居现今正逐渐走向历史，但作为一种行业居住文化，我们有必要对它进行一定的了解，另外，这种文化也能为我们的旅游行业提供别样的素材。

中国古典园林建筑艺术

——诗情画意

01

中国园林简史

　　园林的概念生成于人类社会产生之后，园林所蕴含的内容也伴随着人类的历史、文化而呈动态的变化。站在人类文明的高度，世界各国的园林可以分别追溯至两大起源体系，一个是以中国古典园林为代表的东方园林体系，另一个是以法国园林为代表的西方园林体系。东方园林效法自然、追求意境，西方园林强调人造、整齐均衡。同为园林文化，东、西方的风格缘何至此？不同区域的根基文化是导致此结果的原因所在。东方的传统文化讲求"天人合一"，道家思想就提倡"人法地、地法天、天法道、道法自然"，进而把自然视为万物的根本，强调人应该要按自然规律办事；而西方的传统文化提倡"主客二分"，从苏格拉底到柏拉图，再到黑格尔，他们在潜意识中都认为"天人两分"，推崇主体认识至上。

　　中国古典园林的理论思想和艺术手段具有鲜明的风格特征，它不仅作用于日本、朝鲜、韩国等东南亚国家的造园理念，同时还对欧洲、美洲等部分地区的景观建设也施加着影响。虽然有如此深远的影响力，但因为受限于资料的匮乏以及技术手段的不足，中国古典园林究竟始创于何时至今仍无法给出准确的答案。我们所能确定的，仅有作为游憩体验的园林，它是在社会生产力发展到较高水平时才出现的事物。原始社会，生产力极度低下，部落成员只有依靠群体的力量才能勉强果腹，因此很难再有余力去筹划具有休闲性的园林设施。到了奴隶社会的阶段，随着青铜冶炼技术的出现，人类的生产力得到较大的提升，奴隶主聚敛财富的速率也超越了以往的纪录。这些变化的结果，实际也为休闲型园林的出现提供了技术的支撑以及财富的储备。

　　目前已知发现于河南安阳的甲骨文是中国乃至整个东亚最早出现的文字体系，它是商朝晚期的一种记事文字，是以象形、会意、假借、形声等作为基础生成的字体。截至2018年，考古工作者共提取了甲骨文文字约4500个。在已被确认的2500个甲骨文文字中，就包含有圃、囿等与园林有关的象形单字（图10-1）。而在金文的体系里，又有了"袁"这个字，它在出现之初的本意是具有"远"的含义，表达需要一整天才能完成往返的距离。在西周正统的小篆字体里，有一个"袁"被置于方框之内的单个字体表达，这个字再后来就被简化成了"园"（图10-2）。在《周礼·天官冢宰·大宰》中记载有："……以九职任万民：一曰三农，生九谷；二曰园圃，毓草木；三曰虞衡，作山泽之材；四曰薮牧，养蕃鸟兽……"

图 10-1　甲骨文中的"囿"字和"圃"字　　　　图 10-2　小篆字体的"园"字

说的是以九种职业安排天下百姓，第一类职业是在沼泽、平地、山坡等三种不同的环境中从事农业，生产各类粮食作物；第二类职业是从事园圃行业，负责养育草木瓜果；第三类职业是经营山林川泽，提供林木和水利资源；第四类职业是从事畜牧行业，提供鸟兽养殖服务……根据相关文献的记载，再结合象形文字的发展线索，我们可以得出一个结论：中国传统的园林体系至少可以向前追溯到商、周时期。鉴于园林的建设及维护需要有足够的物力和财力等基础，奴隶社会的奴隶主阶层应是中国传统园林最初的服务对象。从司马迁所撰写的《史记·殷本纪》中"帝纣资辨捷疾……厚赋税以实鹿台之钱，而盈钜桥之粟……益广沙丘苑台，多取野兽蜚鸟置其中……大聚乐戏于沙丘，以酒为池……"的记载，我们可以看到"沙丘苑台"一词。"沙丘苑台"又被称作"沙丘平台""沙丘宫"，它是我们现在可以查询到的中国有史可证的最早的皇家园林（图 10-3）。《周礼·地官司徒》中有"小司徒之职……乃经土地而井牧其田野：九夫为井，四井为邑，四邑为丘，四丘为甸……"的记载，

图 10-3　沙丘苑台遗址

图片来源：陈博士说园林丨"沙丘苑台"——史料记载最早的贵族园林（上）

https://www.zcool.com.cn/article/ZMTAyMTE4NA%3D%3D.html

这个记载告诉我们:"丘"字在周朝时所表达的是一个区域的概念。周朝之后,"丘"字的意思逐渐演变为土壤高耸的地块,也可表达四周高、中间低的地貌。根据学术界的研究,在汉朝以前,"苑"和"囿"被用以通指大型园林。至于这两个字的具体使用,"囿"字应是早于"苑"字的使用。但是自秦朝往后,"苑"字逐渐覆盖了"囿"字的使用。所以,西汉古籍中所述说的"沙丘苑台",也可以写作"沙丘囿台"。商朝的"囿"是以自然景致作为基础,配置部分夯土高台、池沼等人造设施,另外在其中再投放一些由其他地域猎捕来的珍禽异兽,从而形成一个解决帝王和贵族娱乐欣赏和休闲狩猎等需求的较大范围的场所。囿的面积从方圆几公里到几十公里不等。东汉许慎在其所著的《说文解字·卷六》中有"苑有垣也……一曰禽兽曰囿。……"的表述,《周礼·地官司徒》有"……囿人:掌囿游之兽禁。牧百兽……"的记载,这些文献都佐证了囿在周朝时是具有圈养各类动物特征的,圈养的目的是丰富游园的内容。唐朝成书的《括地志》中有"沙丘台在邢州平乡东北二十里……北据邯郸及沙丘,皆为离宫别馆……"的记载,这表明沙丘苑台所在的位置是在邢台市的广宗县。广宗县的土质多为沙壤土,因而容易堆积成土丘状,据传这也是该地古名"沙丘"的由来。另据史料记载,由于商纣王、秦始皇、赵武灵王分别在此处离世,后世历代帝王遂不敢再涉足此地。今天的沙丘苑台,仅是一处遗留在大平台村以南宽约 70 米,长达 150 米的沙丘带,曾经的旌旗与喧嚣,早已化作尘埃。

《诗经》是中国最早的一部收录诗歌的总集,收录的时间跨度大约起始于西周,收尾于春秋。学术界认为,其中的《大雅》是周朝鼎盛时期作品的集录。在《诗经》的《大雅·文王之什》中,有一篇的名称就是《灵台》。《灵台》中有"经始灵台、经之营之……经始勿亟……王在灵囿、麀鹿攸伏、麀鹿濯濯、白鸟翯翯。王在灵沼、于牣鱼跃……虡业维枞、贲鼓维镛……"的记述。在历史文献的记载中,诗中的灵台是建造在西周国都——丰京的一处人造高台,主要用于观望星象;而诗中的灵囿,则是圈占于灵台周边半径达 35 公里的山林,功能主要是滋生林木、放养鸟兽;至于诗中的灵沼,则是将沣河水系引入丰京后所积蓄起的人工湖泊,其中养殖有鱼、龟等水中生物。按照《灵台》的描述,西周的"三灵"应是在周文王的策划下,由百姓齐心协力所建造成的(图 10-4)。那时的"三灵",不仅放养有鸟兽虫鱼以供君王和百姓观赏,另外还安排有钟鼓乐队以备不足之需。从"三灵"中的这些陈设来分析,此处游乐休闲的性质是显而易见的。

战国时期,各诸侯国兴建苑囿的风气日渐盛行。成书于战国中期的《孟子》,就对这段历史有过清晰的记载。在《孟子·梁惠王下》的第二章中,记载有齐宣王所说"寡人之囿方四十里……"的语句;除此之外,书中的同一章节还记载有孟子"文王之囿方七十里……雉兔者往焉,与民同之……"的评论。这些表述不仅证实了"囿"在战国时期确有存在的事实,而且还说明了"囿"在战国时期是属于帝王阶层所拥有的、具备园林性质的场所。《孟子·梁惠王下》的记述在讨论时弊的同时,也间接地告诉了读者——相对于周朝的鼎盛时

图 10-4　西周"三灵"

期，"囿"在战国时期的帝王属性被进一步强化。

　　秦统一中国以前，中国的传统园林仅处在发展进程的起始孕育期。秦惠文王嬴驷在位期间，曾在周朝苑囿的基础上经营自己的离宫别馆，秦昭襄王嬴稷即位后，进一步把这里塑造成秦国的王室苑囿，起名上林苑。秦始皇嬴政统一中国后，综合国力的上升推动了营建活动的繁荣。《史记·秦始皇本纪》记载有："三十五年……先王之宫廷小……乃营作朝宫渭南上林苑中。先作前殿阿房，东西五百步，南北五十丈……"由于史料不足，我们目前还无法判定秦朝上林苑的具体面积范围，但从《史记·秦始皇本纪》的这段文字分析，一个能容下"朝宫"而还有余地的苑囿，其占地面积绝对不会小。宫殿建筑与苑囿结合在一起进行建设的做法，大约也是流行在秦朝统一中国之后，此前帝王阶层所经营的苑囿，都是脱离宫殿而独立建设的。

　　汉王朝在建立之初，曾经将秦时的苑林开放给农民进行种植，用以恢复生产。但随着国力的发展，皇家经营苑囿的做法不仅被恢复，而且较前朝有了更高的热情。《三辅黄图》的苑囿部分记载有"汉上林苑，即秦之旧苑也"，这也阐明了秦、汉两朝的上林苑之间所具有的血缘关系。汉武帝刘彻在位期间，又在秦时上林苑的基础上进行了扩建。《三辅黄图》引用《汉书》的记载说："武帝建元三年开上林苑，东南至蓝田宜春……旁南山而西……北绕黄山，濒渭水而东。周袤三百里"。《三辅黄图》同时还引用了《汉旧仪》的文字"上林苑方三百里，苑中养百兽"。通过这些典籍的记述，我们可以知道经过汉室扩建后的上林苑占用了较为广阔的地域。另根据陈直所著《摹庐丛著——三辅黄图校证》描述说"上林苑门十二"，我们可以推测出汉朝的上林苑虽然具有宏大的规模，但还是修建了兼顾有管理、防卫等功能的门殿类建筑，用以守护上林苑的边界。这个特征也暗示了汉上林苑实际是一处禁苑，普通百姓几乎没有机会去感受这个苑囿中的景或物。汉上林苑作为皇家苑囿，其内容设置既包括曲台水池等滨水项目，也有离宫墙垣等陆上内容；既配植了群臣进献的"名果异卉"，也圈养有数量众多的奇禽异兽。除此之外，汉室皇家苑囿的型制还在前世的基础上有所创新。根据《三辅黄图》引用《汉书》中"建章宫北，治大池名曰太液池，中起三山像瀛洲、蓬莱、方丈……"的记述（图 10-5），后世中国皇家园林中经常会被使用的"一池三山"模式，应该也是肇始于汉室苑囿的建设。汉朝不仅建设有属于皇家级别的上林苑和宜春下苑，各地分封的王侯也纷纷效仿帝王在自己的领地内建设苑囿，《史记》中就有汉文帝时期"孝王筑东苑，方三百余里"等相关内容的记述。

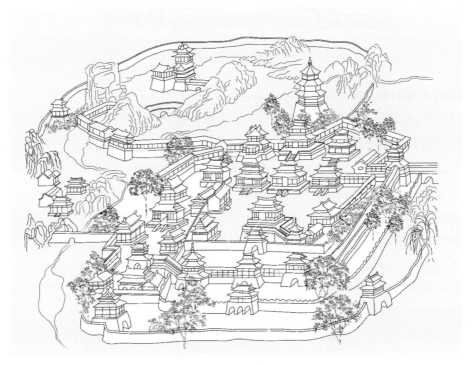

图 10-5　汉长安建章宫

汉朝的统治阶层十分重视国家的经济发展。政府一方面通过免征徭役、降低税收等利农政策来刺激农业的发展，另一方面则通过规范商业环境、加强市场管理等措施来繁荣国内及国际贸易，再加上铁器生产、水利灌溉等技术条件的日渐进步，最终促成了汉朝经济的大繁荣，这也加速了国民在财富方面的积累。在这个背景下，私人造园的条件也已成熟。在《三辅黄图》中有"茂陵富民袁广汉……于北邙山下筑园"的记述，证实汉朝已有私家园林的兴建。《三辅黄图》中对袁广汉所筑之园有"东西四里，南北五里"的表述，说明了此园虽是私园，但其尺度颇大。《三辅黄图》还说袁广汉所筑之园有"激流水注其中，构石为山……奇兽珍禽，委积其间。积沙为洲屿……"等描述，说明此园中的山、水、池等景致多为人工所营造，这也证实作为中国园林重要特征的"叠山引水"，至迟在汉代就已经开始实施。《三辅黄图》后续还有"广汉后有罪诛，没入为官园，鸟兽草木，皆移入上林苑中"的记载，这说明汉朝富民阶层的园林内容并不逊色于皇家苑囿，其造园手法和形式也几近相似。

在秦、汉两朝生产力的推动下，中国的园林逐渐发展为王侯、富豪游乐射猎、圈养珍奇的场所。为了更好地实现射猎功能，秦、汉园林通常占据较大的面积，而园林中的景致，多以自然风光为主，酌情配置亭、台、宫、室等人造景观。如果说先秦王侯的苑囿建设仅仅是中国的园林的孕育期，那么，秦、汉时期的中国园林发展则是这一传统体系的创建萌生阶段。

东汉末年，"黄巾之乱"导致了中央集权的瓦解，地方军阀纷纷趁势割据。从三国直至南北朝，中原大地基本处于动荡之中。社会的不稳定并没有影响文化思想的活跃，中国的古典园林在这种背景下进入历史转折期，其直接表现有两个方面，其一是传统造园思想的逐渐明晰，其二是园林建设呈现出多元化发展的态势。

魏晋南北朝时期，动荡的时局明显地削弱了中央统治阶层的控制力，这也动摇了自汉武帝以来四百余年在意识形态方面儒家独霸的根基，思想文化领域重现出自由、开放的局面。《世说新语·品藻》记有东晋殷浩"我与我周旋久，宁做我"的语录，这也代表了在那个时代以"个体之觉醒"为核心的独立精神是被文化界所推崇的。在这一大背景下，南齐谢赫完成了中国画史上首部理论著作——《古画品录》，其中一个重要的内容就是推出了中国画的绘画六法，分别是"气韵生动""骨法用笔""应物象形""随类赋彩""经营位置"和"传移模写"。这些方法虽然是针对中国画提出，但它对中国传统园林的布局方式和手法运用也产生了极强的指导性。

从三国鼎立到南北朝时期，中国的疆域内常会同期存在多个政权，这些政权无论大小，都会在其首都兴建宫苑。在众多曾是都城的城市里，建康(今南京)、洛阳、邺城(今河北临漳)等定都的时间最长。相对于汉朝的鼎盛阶段，这一时期的皇家园林虽逊色于规模，但却在设计上更求精致，其构成要素也主要聚焦在山水树木和各类建筑。在政权更迭频繁、国内战事不断的背景下，道家老(子)庄(子)学派的"顺应天道""清静无为"和玄远之学的"玄之又玄，众妙之门"等理论日渐为世人所推崇，这也激发了贤人雅士崇尚隐逸、寄情山水的热情，它们最终演化为私园建设的兴盛。这个阶段的私园，无论是在数量或是在质量上都有了较大的发展，其特点主要表现为规模小、设计精，用筑山穿池、草木造景、顺势构建的方式营建山水园林，其中部分造园手法，也会被运用于皇家园林的建设。

该阶段私家园林的代表作品有：西晋石崇的金谷园、南朝梁太子萧统的玄圃、南朝刘宋谢灵运的会稽山居、北朝北魏的张伦宅园等。文人墨客可以通过沉浸在私园中以逃离现实，普通百姓该如何疏解战乱而导致的痛苦？由于佛教鼓吹"来世"的快乐，它可以满足底层人民舒缓情绪的需求，也可以给动荡中的人们送去慰藉，因此得到快速的发展。与佛教相关的佛寺建筑，也成为本阶段重要的建筑类型。魏晋南北朝时的佛寺建筑主要有两个来源，一个是新建的建筑，一个是达官显贵的"舍宅为寺"。在"舍宅为寺"的案例中，有不少是建设于郊外的胜境美景之中。寺庙道观的建设，催生了附属园林的发展。由于寺观园林的主要受众是普通百姓，所以它从产生之初，就呈现出世俗化的特点。这个时期的寺观园林，既有附设于寺观外围而新建的，也有利用自然景致而将寺观融于自然胜景的。甚至还有部分寺观，在其建设之初就被当作园林而进行经营。除了皇家、私家、寺观三类园林，一些景色尚佳的近郊区域也会吸引到一些拥有闲情雅致的人们相约而往，他们在那里驻足欣赏，吟诗作赋。东晋王羲之在《兰亭集序》所描述的"会稽山阴之兰亭"，就是这样的一个去处，其间"崇山峻岭，茂林修竹""清流激湍……引以为流觞曲水"（图10-6）。这类地处城市周边、富有特色的景区，也就成为今天城市公共园林的最早雏形。

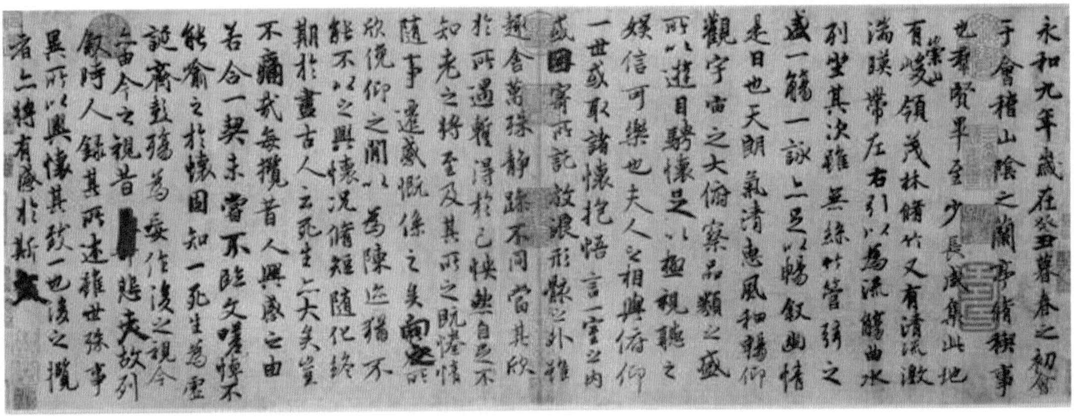

图 10-6 王羲之所写《兰亭集序》
图片来源——汉诗雅集：此后王羲之为何没法超越《兰亭集序》
https://www.sohu.com/a/127279419_554504

张翰在《杂诗三首其一》中写有"暮春和气应，白日照园林"；左思在《娇女诗》中提及"驰骛翔园林，果下皆生摘"；杨玄之在《洛阳伽蓝记》卷二中感叹"敬义里南有昭德里。里内有……司农张伦等五宅。……惟伦最为豪侈……园林山池之美，诸王莫及"。"园林"一词频繁地出现在魏晋南北朝的诗文中，它从侧面反映了人们寄情山水的情怀，园林建设的世风也在这种精神的推动下逐渐转盛。这个时期，皇家、私家、寺观园林并行发展，其目标也从再现自然转化为表现自然，注重于对自然提炼、概括、抽象的表达。在此之外，这一时期的匠师也开始将中国古典建筑的美韵融糅到自然之美里，写实与写意两种表达方式因艺术思想的繁荣而实现了在园林营建进程中的交汇。

总的来说，魏晋南北朝时期的中国古典园林已逐步转向了自然山水风格，大量的实践积累起的诸多经验，为我国自然山水园林的发展积淀了丰实的基础。

隋朝虽然是中国历史上较短的一个王朝，但其在中国建设领域的成就却是不容忽视的，大兴城的建设、大运河的贯通、安济桥的修建，这些都是中国建设史上的不朽工程。隋朝也曾大建宫苑。《隋书·卷24·志第19》中记有："炀帝即位……又于皂涧营显仁宫，苑囿连接……周围数百里。课天下诸州，各贡草木花果、奇禽异兽于其中，开渠，引谷、洛水……"向我们展现了当时东都洛阳显仁宫的盛景。另外，隋炀帝在洛阳修建的西苑也是极尽奢华，通过唐朝杜宝所著《大业杂记》中"元年夏五月，筑西苑，周二百里。其内造十六院，屈曲绕龙鳞渠……苑内造山为海，周十余里，水深数丈，其中有方丈、蓬莱、瀛洲诸山，相去各三百步。山高出水百余尺，上有道真观、集灵台、总仙宫，分在诸山。风亭月观，皆以机成，或起或灭，若有神变，海北有龙鳞渠，屈曲周绕十六院入海……"的描述，我们可以窥视到隋朝西苑的豪华程度。通过《大业杂记》的文字，我们可以得出当时的西苑是采用人工的方式进行的叠山引水，其中的龙鳞渠，则是维系西苑的主要纽带。至于西苑中的建筑，则是隐逸在山水之间，其中的意境，可谓是丰富，这也反映出西苑在中国园林史上承上启下的作用。

在隋朝建立统一政权以前，中国经历了长达三个半世纪的分裂。隋朝建立后，地方势力依旧暗流涌动。隋炀帝登基后，因对外发动战争并滥用民力，致使政权很快崩溃，取而代之的是李唐政权。唐朝基业奠定后，积极汲取前朝的教训并做出政策调整，统治集团对内对外都采取了一种开放宽容的态度，这也促成了社会全盛时期的到来。国家统一、民心安定、经济繁荣为唐人在文化、艺术等领域的活跃奠定了社会层面的基石。魏晋南北朝时期所积淀下来的有关风景园林方面的经验，则为唐人的造园提供了技术层面的养分。这些条件，最终推动了唐朝园林领域的发展与繁荣。在后晋开元二年成书的《旧唐书·卷38·志18》中，对"京师"的记载有"秦之咸阳……隋开皇二年，自汉长安故城东南移二十里置新都，今京师是也"的表述，阐明了唐朝首都长安城的历史沿革。此书在同段中还记有"皇城在西北隅，谓之西内……禁苑在皇城之北，苑城东西二十七里，南北三十里……汉长安故城东西十三里，亦隶于苑中"的记载，言语中感叹着唐朝长安城内禁苑规模的宏大。唐朝的皇家园林，既有建于宫城中的以神都苑为代表的大内御苑，也有设在风景优美处以曲江为代表的行宫御苑，另外还有修于都城外风景地带以汤泉宫(唐玄宗时改做华清宫)为代表的离宫御苑(图10-7)，其内容和形式都丰富于前朝。除了御苑的类型，唐代皇家园林所包含的山、水、林、木等内容，也丰富于前朝的苑囿。这些变化，也从侧面反映出以皇家园林为代表的中国传统园林在李唐时期的极盛发展。

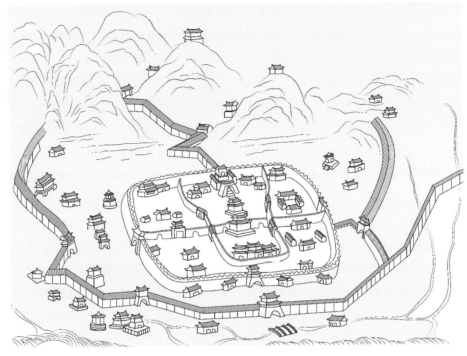

图 10-7　唐朝的华清宫

　　中国诗词是一种抒发情怀的文学艺术，它在唐朝达到新的高度。在中国的诗词体系里，格律诗体在这一阶段的发展尤显突出，以至于我们可以认为它在唐朝阶段的发展已经达到了登峰造极的程度。唐代的格律诗，既有以王维为代表所创作的山水田园诗，也有以高适为代表所创作的边塞诗，他们的造诣之高达到了后世无法超越的程度。在唐朝，文人墨客时常会参与园林项目的策划与建设，并把自己对自然山水的认知应用到园林的营建过程里，这极大地丰富了当时园林的内涵，也使得这个时间段里的私家园林和寺观园林的造诣被极大地推进。在文学领域之外，唐代的绘画艺术较以往也达到一个新的高度，吴道子、郑虔等都是这个时期的著名画家。在唐朝的书画界里，并不缺乏同时精通诗、画的名家。当这些文人参与园林项目时，常以诗词立主题，以山水画造景致，寓意于形，以形传神。我们熟悉的王维，他不仅是著名的诗人，同时也是一个精于水墨山水的画家，其私家园林"辋川别业"更是在这一基础上被融进了诗情画意（图 10-8）。

　　宋朝的社会经济达到了古代的一个高峰。在这一条件下，上至一国之君，下到文人雅士，都对造园拥有较高的热情。在唐朝融诗歌、绘画的意境于园林之中的基础之上，伴随中国山水画创作体系的日渐成熟，两宋时期的园林，无论是在艺术上或是在文化表达上都

图 10-8 王维的"辋川别业"局部示意图

得到较大的发展。从建造情况来看，北宋时期的造园活动主要是围绕着汴京这个中心而兴旺于北方地区，其内容主要聚焦于皇家园林和私家园林；南宋时期的园林，多是修建在以临安为中心的江浙地区，其中最为集中的是在杭州西湖的周边。

北宋的园林，通常会选址建造在景色秀美的地方，其主要的修建目的是为贵族阶层提供服务。这个时期所建造的皇家园林，景观的设置常会借鉴私家园林的一些手段，这也使它们在形式上既兼顾了皇家园林的恢宏，也融进了文人园林的秀雅。艮岳又称寿岳、阳华宫，是北宋政和七年开始营建的一处皇家园林。在《宋史·志·卷三十八》中，记有"徽宗自为《艮岳记》，以为山在国之艮，故名艮岳"，可见艮岳是依据宋徽宗所绘制的山水画而实施的建设（图 10-9、图 10-10、图 10-11）。《宋史·志·卷三十八》（地理一）还记述到："山周十余里，其最高一峰九十步，上有亭曰介，分东、西二岭，直接南山……又西有万松岭，半岭有楼曰倚翠，上下设两关，关下有平地，凿大方沼，中作两洲：东为芦渚，亭曰浮阳。西为梅渚，亭曰雪浪。西流为凤池，东出为雁池……"这些文字体现出艮岳是以山、池的奇巧布局作为园林建设的骨架，并通过叠石造山的手法塑造出自然界的奇秀景致，使其成为园内各景致的构图中心。艮岳中还配置有一些亭榭小筑，它们不仅是这个皇家禁苑中最佳的景致观赏点，同时也是游园观众的休憩之处。艮岳是一座山景园，宋朝由于国人的喜好，叠造假山的技术较之前有着较大的发展，而吴兴地区丰富的奇石资源，也培育了许多以叠石造山为业的工匠，他们在当时被冠以"山匠"的称谓。在建成后的第五年，为了抵御围攻汴京的金国军队，艮岳应城防需要而被迫拆除，一座名园在无奈中消逝。曾经设置在艮岳园中的太湖石和灵璧石，后来陆续被转运到了北京，成为中南海、故宫等处的景观用石。

图 10-9 宋徽宗赵佶所作《溪山秋色图》（收藏于台北故宫博物院）

图 10-10 宋徽宗赵佶所作《溪山秋色图》局部（一）（收藏于台北故宫博物院）

图 10-11 宋徽宗赵佶所作《溪山秋色图》局部（二）（收藏于台北故宫博物院）

北宋成书的《洛阳名园记》，记载了当时洛阳的十九处私园。这些私园大多是由唐朝延续下来，它们类型丰富而各有特色，大约可以被分成三大类型。其一为花园型园林，如归仁园、天王院花园子等；其二为游憩型园林，包括董氏东园、董氏西园、丛春园等；另外还有属于宅园型的园林，包括有环湖园、苗帅园等。

南宋时期，临安成为国家的政权中心，江南文化潜移默化地作用于园林的建设。由于这个时期国力的衰退，皇家宫苑总体表现显示出小型化的趋势。然而在民间，营建私园的热情却依旧旺盛。南宋时期，围绕西湖及其周边所建造的各类私园还是达到数以百计，这些园林大多会利用到辽阔的湖面，并把由湖水、岸堤所形成的层次感转化为游客的遐想，"断桥残雪""曲院风荷"等景致的成型，大约也是形成在这一时期。除了西湖，钱塘一带也分布有众多的园林，偏安于一隅的南宋，为今天的"江南园林"铺垫下丰厚的底蕴。

漠北草原的铁木真在北方兴起后，于1206年创立起蒙古汗国。这个由蒙古族组建成的政权，在吞并了西辽、西夏、金、大理等国后，最终于1276年消灭了南宋政权，从而建立起疆域广阔的蒙元帝国。由于元朝的统治者来自北方，这个时期的园林在继承了宋代传统的基础上，又融进了大漠和草原生活中豪迈而旷达的气息。元朝曾经在大都的东南郊经营有"飞放泊"，这是一处依据游牧民族狩猎活动需求而建设的皇家苑囿。元朝的另一处具有代表性的皇家园林，是位于大内西侧宽二三公里的"海子"，因其汇集了大都西北各水系，所以宽广如海而得名。这里其实就是后来北京的北海和中海。元朝历时 98 年，时间虽短，但因为对外扩张的影响，其在文化上却是丰富的，不仅兼容有中原文化和草原文化的特色，还汇入了西域乃至欧洲文化的影响，从而形成了独具特色的园林文化。元朝采用汉法，建立了多民族的统一王朝。在社会多元融合的背景下，社会经济也逐步繁荣起来，也有了一些私家园林建造。元朝的私家园林，在建造的数量上是不及前朝的。元朝私家园林的建造业主，主要是文人、官宦和商贾。元朝私家园林的分布，主要是在江南和京城，其中具有代表性的作品，有廉希宪建于京师城外的"万柳堂"、顾瑛建于昆山的"玉山草堂"等。

朱明政权建立后，随着社会经济的发展，尤其是明朝中叶工商业开始繁荣，文学、艺术逐渐在市民中实现普及和推广。园林艺术也因此而得益，伴随小说、戏曲深入人们的日常生活。明朝末年，吴江人计成完成了《园冶》的编著，这是一本有关江南地区造园艺术的学术汇编。《园冶》阐述了从空间处理到叠山理水、从园林建筑到配置草木的艺术手段，使中国造园艺术的理论水平得到了提升。基于这些背景因素，明、清两朝实现了集中国古典园林艺术之大成，使中国的古典园林进入了一个鼎盛的时期。这个时期的皇家园林，在继续拥有宏大规模的同时，还成功地融入了江南园林的精巧淡雅。在此之外，一些西方的造园艺术也被引进到中国的皇家园林，例如建造在圆明园长春园的欧式园林景区——西洋楼，就是中、西园林艺术成功糅合的一个典范。皇家园林的这些探索及其示范效应，无疑也为中国园林的全面发展打下丰实的基础。明、清时期的私家园林，大多附设于城中或是近郊的住宅，用以丰富居家的生活内容，其特点主要是在有限的空间中创造出趣味性。由于在社会、经济、自然等方面占有优厚的条件，苏州、扬州的私家园林是最具代表性的。这一时期的私家园林多以池塘为核心，通过叠石造山、建造小筑、巧于因借的手段，形成私家园林特有的艺术表现。明、清时期的私家园林，实现了融自然、绘画、建筑、文学于一体，实现了在浓缩中表现自然，实现了在笔墨中提升意境。这个时期具有代表性的私园包括苏州的拙政园、留园，无锡的寄畅园等。

明、清时期的园林建设，从理论到实践都有了较大的发展。对于园林理论的总结与完善，使中国园林艺术的表达更具有理性。它通过高度浓缩的自然之美，体现出人与自然之间的一种默契，这是一种境界的升华。明、清时期的中国园林艺术，甚至还曾以独特的民族魅力影响到了以英国为代表的欧洲园林，并在那里掀起一股不受"拘束"的"自然之风"。

中国园林发展至今，从对自然的崇拜到简单模拟，再到师承效法，再到写意自由，其发展的每一步都坚实而稳健。中国园林帮助人们逐步迈向"诗意栖居"，帮助人们实现以审美的人生态度居住在大地上。这是一种积极的生活态度，它对今天社会的发展依旧有极强的现实意义。研究和继承这一优秀的文化，无疑也是我们的一种荣耀。

02

明清皇家园林——颐和园

至元二十九年(1292年),郭守敬指挥完成了"通惠河"水利工程,使西山、昌平区域的泉水汇注到瓮山泊(也称"西湖""金海")。水系借此被引进宫墙,用以联系元大都的漕运系统。从这个时候开始,瓮山泊也就成了元大都(现北京)的调剂水库。乾隆十五年(公元1750年),弘历皇帝借兴修水利和为母后钮祜禄氏祝寿的名义,在北京的瓮山泊内建成清漪园。为了追求吉祥,乾隆将景区内的翁山改作"万寿山",用以表达祝愿母后"万寿无疆"的心意。在《清高宗实录》中,就有"谕,瓮山著称万寿山,金海著称昆明湖,应通行晓谕中外"的记载。金海之所以更名作昆明湖,也是借助于汉武帝曾开凿昆明池以训练水军的往事,用以表达乾隆帝兴修水利、造福国民的情怀(图10-12)。咸丰十年(公元1860年),清漪园被入侵北京的英法联军所损毁。光绪十二年(公元1886年),慈禧假借创建昆明湖水师学堂的名义,从海军经费中筹款,用以修复清漪园。其真实的意图,实际是给自己的养老做谋划。光绪十四年(公元1888年),载湉下旨将清漪园改名为颐和园,用以表达"颐养冲和"的追求,这里从此就变成为皇家消夏的行宫。光绪二十六年(公元1900年),颐和园被入侵北京的八国联军破坏。光绪二十九年(公元1903年),颐和园再次被修复。在此之后,这里便成为慈禧主要的活动地点,它兼具有了皇家的"宫"和"苑"的功能。

今天的颐和园,坐落在北京的西郊,占地2.9平方千米。颐和园内的格局、景致,基

图10-12 从昆明湖看万寿山

本维持着乾隆年间所修清漪园的做法，它也是中国遗存至今最大、最为完好的皇家苑囿。乾隆所敕造的清漪园（颐和园），是以北京西湖、翁山等原有山水条件为基础，借鉴江南园林的造园手法，参考杭州西湖的景致所建成的自然山水园。在《论语·雍也篇》中，记有孔子的语句："知者乐水，仁者乐山。知者动，仁者静……"明确地在人的聪明、仁德和自然界的山、水之间建立起联系。颐和园作为皇家园林，园区内充实以山景和水景等两大内容。其中，山景是以万寿山作为骨干；而水景，则是由昆明湖所构成。这其中与儒家文化的联系，可以从《论语》中窥见一斑。1998年，北京的颐和园以世界文化遗产的身份入选《世界遗产名录》，联合国教科文组织评价它是中国造园艺术的杰出代表，是中国造园思想的具体实践，是人造景观融合于自然的重要案例。作为各国政府讨论文化问题的国际性组织，教科文组织认为，颐和园的造园思想与实践活动，深刻影响了东方园林艺术的发展。

颐和园按照景点特色和使用性质，可以划分为四大区域，分别是水景区、万寿山前山景区、万寿山后山景区、万寿山东部朝廷宫室区（图10-13）。

颐和园的水域，大约占据了园区面积的75%，它是以"一池三山"作为设计概念，颐和园中的"一池"，实际就是景区中的"昆明湖"，然后再利用西堤和支堤划分湖面，从而使昆明湖被区划成三个大小不一的水域，这三块水面自西向东依次取名为西湖、养水湖和南湖。而代表"三山"这个概念的实体，则是用人工方式筑建的岛屿。"三山"从西向东依次布置在不同湖域，分别取名为治镜阁、藻鉴堂和南湖岛。"一池三山"的做法，最早可以追溯到汉代。"一池三山"的文化根源，则来自一个古代的传说——据说东海有三座仙山，它们分别

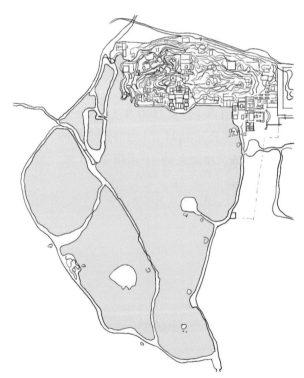

图10-13 北京颐和园总平面图

称作蓬莱、方丈和瀛洲，那里不仅住有神仙，还盛产各类长生不老的草药。在颐和园中，"一池三山"的塑造也巧妙地落实了中国画论所提倡的"境生于象外"，这使园内整个景致的意境获得了提升。除此之外，因为水域划分与人造岛屿的营建，昆明湖上的视觉层次也被进一步的丰富（图10-14）。

图 10-14　北京颐和园昆明湖上的层次

作为燕山余脉的万寿山，位居昆明湖的北侧。虽然万寿山只有 58.59 米的高度，但依旧在宽阔水域的衬托下构成了景区的竖向中心。万寿山上的主体建筑，是参照杭州六和塔所修建的佛香阁。佛香阁是一个三层四重檐八角攒尖的塔式建筑，最初兴建于清朝的乾隆时期。咸丰十年（公元 1860 年），佛香阁被入侵北京的英法联军毁坏。现在的佛香阁，是光绪二十年（公元 1894 年）由清廷重修的。对比乾隆时期的建筑，重建后的佛香阁在高度上有所降低，由原来的 41 米降至 36 米，但它依旧是全园的核心建筑。万寿山上的佛香阁、香山上的琉璃塔、玉泉山上的玉峰塔，这三个制高点彼此遥相呼应（图10-15）。佛香阁不仅以突出的体量和鲜明的色彩掌控住了颐和园全园的景观，它还将颐和园周边的圆明园、静宜园、畅春园、静明园等景区联系到了一起，进而使北京的"三山五园"宛若一体。

图 10-15　佛香阁、琉璃塔、玉峰塔彼此呼应

在万寿山的前山，以临湖北岸的"云辉玉宇"牌坊作为起点，依势逐次经过排云门、排云殿等建筑，即可到达佛香阁。过佛香阁继续上行，就到达了在万寿山最高点所修建的智慧海。这些建筑的排列，构成了一个清晰的轴线（图 10-16、图 10-17、图 10-18）。颐和园现存历史建筑有 7 万平方米，主要的景观建筑都被维系在这个轴线上。

图 10-16　万寿山前山由建筑生成的轴线(一)

图 10-17　万寿山前山由建筑生成的轴线(二)

图 10-18　万寿山前山由建筑生成的轴线(三)

图 10-19　颐和园长廊（一）（局部）

颐和园有一条世界第一长的游廊（图 10-19），它由万寿山前山东侧的乐寿堂发出，经邀月门，过中部排云门前部的广场，绵延 728 米到达前山西侧的石丈亭。这组长廊，不仅串联起前山在垂直方向的各组建筑，它同时还在昆明湖和万寿山间绑扎上了一个维系的"裙带"，使各个景点实现了有机的结合。在这条世界第一长廊上，多处设有亭、榭等节点（图 10-20）。这些节点不仅能舒缓游廊的长度感觉，同时也为游客们驻足赏景提供了场所（图 10-21、图 10-22、图 10-23），可以说是一举两得。另外，长廊内绘有苏式彩画 14000 余幅（图 10-24、图 10-25），这些生动的绘画，为颐和园这座皇家园林增添了许多典雅的气息。

图 10-20　颐和园长廊（二）（局部）

图 10-21　颐和园长廊（三）（局部）

图 10-22　颐和园长廊中的亭、榭节点（一）

图 10-23　颐和园长廊中的亭、榭节点（二）

图 10-24 颐和园长廊上的苏式彩画

图 10-25 颐和园长廊隐在檐下的苏式彩画

在万寿山的后山，林木茂盛而水面狭长，模仿七里山塘打造的苏州街（图 10-26）、参照寄畅园建造的谐趣园，则为这座皇家园林引进了江南市井，形成了一种与前山完全不同的优雅氛围。

颐和园是我国皇家园林的典型代表。皇家园林受到政治条件的影响，在建造形式、建造手段等方面可以获得众多外部力量的支持，其建造体量也远非寺观园林、私家园林所能比拟。作为中国保存最为完整的皇家御

图 10-26 颐和园万寿山后山的苏州街

苑，无论是在设计手法的运用上，或是在建设规模的尺度上，颐和园都体现出中国皇家园林的典型特色，其艺术手段之精湛、艺术技巧之纯熟，都可称得上是经典。颐和园所体现出的造园艺术之美，集聚了中国古代自然美学的大成，它无疑也是世界艺术宝库里的一份瑰宝。

03

江南古典私家园林——拙政园

早在东汉末年，许多文人士子就因为社会动荡而无法实现"治国、平天下"的报负，转而

选择了遁世隐居。圈占土地、发展庄园经济、隐身于田园、寄情于山水，成为文人士子表达个人情操的新方式。他们以"君子比德"的自然审美观去经营园林，借助园林所营造出的意境来表达心志。在这种指导思想的引导下，私家园林中的景物常被对应赋予了人的品质。

明朝建立后，统治阶层虽然进一步加强了中央集权，但在统治阶层的内部，斗争变得更加激烈。在这种环境之下，步入官场的文人士子通常难以自洁其身，他们中的一部分人会因为不堪重负而选择退隐。苏州拙政园的第一位主人王献臣，便是一个有这样经历的人物。

在清朝张廷玉所编撰的《明史·列传·六十八》中记有"王献臣，字敬止，其先吴人，隶籍锦衣卫"，说明王献臣的祖籍在苏州。王献臣生于成化五年（公元1469年），他在弘治五年（公元1492年）的乡试中考取了举人，后又在弘治六年（公元1493年）的会试中考中了进士。通过《明史·列传·六十八》中"授行人，擢御史……尝令部卒导从游山，为东厂缉事者所发，并言其擅委军政官。征下诏狱，罪当输赎。特命杖三十，谪上杭丞"的表述，我们可知王献臣在进入仕途后曾官拜监察御史，但却因为东厂的检举而被罚贬。这样的经历使王献臣心灰意冷，终于在正德四年（公元1509年）辞官返乡。

王献臣回到苏州后，买下元朝大弘寺的旧址，准备将其用作私宅的建设用地。大弘寺，原本是唐代诗人陆龟蒙的宅邸。在经历了两代王朝的变迁后，陆宅的基址条件早已有了较大的改变。《王氏拙政园记》在提及这块场地时，说其"居多隙地，有积水亘其中"，可见王献臣所购得的基地内积水延绵，原始条件并不算好。作为王献臣的挚友，文徵明在精心地考察完现场后，以曲水流觞的典故作为其设计的线索，因地制宜地对场地内的积水进行了疏导，这也使原本分散于园中的各处景点，被整理后的水系有机组织到了一起（图10-27、图10-28）。至于宅基址内原有的大弘寺遗构，文徵明仅略作改动，并在建筑的四周

图10-27 文徵明所绘《拙政园十二景图——繁香坞》（现藏于纽约大都会博物馆）

图10-28 文徵明所绘《拙政园十二景图——玉泉》（现藏于纽约大都会博物馆）

配植以四季应景的花木或藤架，残破的屋宇也就顺势转化成具有生活气息的茅屋（图10-29、图10-30、图10-31、图10-32、图10-33）。园内景致经过了这样的调配，田园气息顿生。当王献臣第一次进入到改建好的宅园时，顿被眼前的景象所陶醉，以往的经历让他陡然生出一种"孝乎惟孝，友于兄弟，此亦拙者之为政也"的感慨，"拙政园"也是因为这个"笨拙人处世"的感悟被确定下名字。

图10-29 文徵明所绘《拙政园十二景图——钓碧》（现藏于纽约大都会博物馆）

图10-30 文徵明所绘《拙政园十二景图——来禽囿》（现藏于纽约大都会博物馆）

图10-31 文徵明所绘《拙政园十二景图——湘筠坞》（现藏于纽约大都会博物馆）

图10-32 文徵明所绘《拙政园十二景图——芭蕉槛》（现藏于纽约大都会博物馆）

图 10-33 文徵明所绘《拙政园十二景图——槐幄》(现藏于纽约大都会博物馆)

王献臣去世后,拙政园被他的独子以赌注的形式抵给徐少泉,拙政园也由此开始几易其主。清朝初年,拙政园被吴三桂的女婿王永宁占据。王永宁出身贫寒,攀附上权贵后,便开始追求极尽奢华的生活,表现之一就是在拙政园中大兴土木。根据清朝毛奇龄所著《西河杂笺》的记载,王永宁的拙政园"列柱百余,石础径三四尺,高齐人腰,柱础所刻皆升龙,又有白玉龙凤鼓墩",其奢华之穷极可谓令人瞠目。拙政园原有的优雅,至此几乎消失殆尽。

清朝咸丰十年(公元 1860 年),太平军占领苏州,太平天国的忠王成为拙政园新的主人。李秀成把拙政园纳入忠王府,着手对其进行改造。三年后,太平军撤离苏州,但忠王府的改造工程却仍旧没有完工。李鸿章在考察了忠王的府邸后,在写给自己弟弟的家书里感叹这里是"琼楼玉宇,曲栏洞房,真如神仙窟宅"。作为时任清廷江苏巡抚的李鸿章,王朝的二品大员,竟然感慨忠王府是他"平生所未见之境也",这就足以说明:经过忠王修缮后的拙政园,已是人间的仙境。

在建成之后的四百余年里,拙政园曾被挪作民宅、将军府、行馆、会馆等。不仅如此,拙政园的完整性也曾遭受过破坏。同王献臣初建时期相比较,现在的拙政园早已有了较大异动。在山水格局方面,今天的拙政园大体保持了清朝初年的型制;而在建筑景观方面,今天的拙政园则更多是清朝同治之后的建构。由于历史上的原因,现在的拙政园已俨然形成东、中、西三个景区(图 10-34),它们彼此个性鲜明,特色各异。

拙政园的东园原名"归田园居",占地 0.021 平方千米,崇祯四年曾为王心一所拥有。

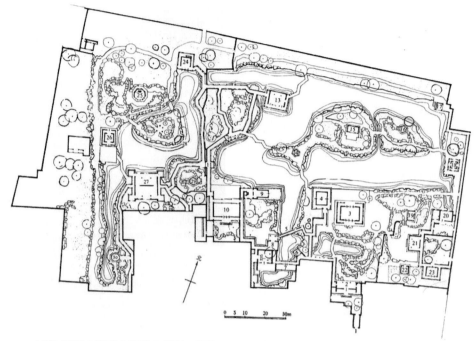

1-园门 2-腰门 3-远香堂 4-倚玉轩 5-小飞虹 6-松风亭 7-小沧浪 8-得真亭 9-香洲 10-玉兰堂 11-别有洞天 12-柳荫路曲
13-见山楼 14 荷风四面亭 15-雪香云蔚亭 16-北山亭 17-绿漪亭 18-梧竹幽居 19-绣绮亭 20-海棠春坞 21玲珑馆 22-嘉宝亭
23-听雨轩 24倒影楼 25-浮翠阁 26-留听阁 27-三十六鸳鸯馆 28-与谁同坐轩 29-宜两亭 30-塔影亭

图 10-34 江苏苏州拙政园平面图

东园山池相间，怪石罗列，树木葱郁，草地宽广，其舒朗开阔的布局点缀有芙蓉榭、放眼亭等亭台，园内尽显山林之趣。

  中园是拙政园最为精华的部分（图 10-35、图 10-36）。在 0.012 平方千米的范围内，水面占去建设用地的近三分之一，集中的大水池成为中园造景的核心。中区内的主要建筑，基本毗邻大水池而设置，这也使此园天生具备了江南水乡的特色。中园的主体建筑——远香阁坐落在大水池的南岸，它在拙政园的主入口和池塘中的景致之间建立起了"桥梁"。由于住宅区域设置在拙政园的南侧，园林部分最初的主入口安置在南端的腰门处。为了

图 10-35 拙政园中部的见山楼

阻隔外界的视线，同时也为营造别有洞天的氛围，腰门在入口内侧设有一处假山。步行绕过假山，便可循廊到达远香堂的前部。站在远香堂内向外望去，远处的两座山岛林荫遍地，那里的景象会应时令而产生变化，溢出四季风情；而在近处，池塘内荷叶田田，其间

的荷花会择时迸发无限生机。拙政园内的建筑一般相隔比较远，如中园里的远香堂和其北侧的荷风四面亭、西边的香洲，它们彼此高低错落、遥相呼应，在池塘的岸堤上形成三足鼎立的态势。游客若是进入不同的建筑中赏荷观花，也会获得不同的视角和氛围。每当晨雾袭来，池水周边的建筑若隐若现，整个园内宛若仙境。

拙政园的西园又称作补园，是在清朝改建成型的，现在占地约 0.008 平方千米。西园同样也是以水池作为园林核心，但与中园以聚为主的布局不同，这里的水景是以散为主，以聚为辅。相对于中园的水域，西园的水面迂回多变，呈曲尺状布置。在西园，东北方向的水域尤显经典。这是一片狭长的水域，沿东岸顺着界墙方向，一条临水的游廊绵延向北，最终以倒影楼作为收尾（图 10-

图 10-36　拙政园中部的小飞虹

37）。这段游廊虽曲折起伏，但依旧精巧有致，它与池塘西岸所造就的自然景致构成了一种呼应。作为游廊终点的倒影楼，同时也和水域西岸的与谁同坐轩形成了联系，围合成一处欣赏水中月影的佳境。

图 10-37　拙政园西部的倒影楼

拙政园是一处以水见长的园林景观(图 10-38、图 10-39、图 10-40、图 10-41、图 10-42、图 10-43)。造园者利用水域、岸堤、山岛、建筑等实现空间的变化,营造出兼具奇、巧、灵、雅等特色的环境。在拙政园迂回曲折的线路中,设计者精心巧做,目标着力于处处有

图 10-38　拙政园的水景(一)

图 10-39　拙政园的水景(二)

图 10-40　拙政园的水景(三)

图 10-41　拙政园的水景(四)

图 10-42　拙政园的水景(五)

图 10-43　拙政园的水景(六)

景。最终，塑造出了一组以小见大的园林景观。拙政园利用中国传统的造园手法，在有限空间完美地诠释了独具特色的中国美学。拙政园是江南私家园林的典型代表，也是一千余年中国文人精神追求的具体体现。

04

明清皇家园林——避暑山庄

康熙十四年(公元 1675 年)三月，清室公主的儿子布尔尼发动兵变。这次叛乱虽不到一个月就被平定，但让玄烨皇帝看到了蒙古各部落中隐藏的危机。康熙十六年(公元 1677 年)九月十日，为安抚蒙古各部落，皇帝开始了他的第一次北巡。康熙廿年(公元 1681 年)四月，玄烨皇帝在第二次北巡时设立了皇家围场。康熙廿二年(公元 1683 年)六月，玄烨皇帝在第三次北巡时，在今天承德市围场满族蒙古族自治县设立起木兰围场。"木兰"是满族语"Muran"的发音，表示"哨鹿"的意思。木兰围场设立后，玄烨皇帝会在每年的六七月间来此避暑行围。在每年的四月、十月和十二月，木兰围场则被满族军队用作训练或进行行猎(军事演习)的场所，其目标是以野战实训的方式保持八旗官兵的战斗力。

上营行宫，曾是康熙设在北京和木兰围场之间的 21 座行宫之一。康熙四十二年(公元 1703 年)，为了进一步安抚边疆少数民族，也为了防范沙俄入侵，玄烨皇帝决定在(热河)上营行宫的基础上建设承德避暑山庄。康熙五十二年(公元 1713 年)，避暑山庄完成了第一个阶段的开湖、筑岛、修宫、建殿等内容。这个阶段不仅创造出著名的"康熙三十六景"，同时还在山庄的四周筑建起宫墙，作为皇帝夏宫的避暑山庄初具雏形(图 10-44)。为了给玄烨皇帝祝寿，蒙古各部王公于康熙五十二年(公元 1713 年)请旨在避暑山庄的东北部修建起溥仁、溥善等两座寺庙，这是著名的"外八庙"中最早建成的两座。从乾隆六年(公元 1741 年)开始，弘历皇帝对避暑山庄进行了大刀阔斧的扩建。增建殿宇、巧置建筑、御笔亲题"乾隆三十六景"，这一周期的主要项目直到乾隆十九年(公元 1754 年)才建设完成。在这之后，避暑山庄以及其周边依旧时有建设，这里面就包括著名的"外八庙"建筑群。"外八庙"实际是指避暑山庄东北部的十二座寺庙，因为其中有九座寺庙是由朝廷管理并官派喇嘛进驻，而其中的普佑寺又是归隶于普宁寺管理，所以，在清史中，这组建筑群被称作"外八庙"。在"外八庙"中，须弥福寿之庙是仿照西藏的日喀则扎什伦布寺而建设的。须弥福寿之庙在乾隆四十五年(公元 1780 年)才开始动工，它是"外八庙"建筑群中最晚建设的项目。

避暑山庄占地达 5.64 平方千米，其边界用带有雉堞的宫墙进行围合。宫墙厚约 1.5

图 10-44　承德避暑山庄

米，高在 3 米以上，随山就势绵延于山峦之上。宫墙四周共设置有六座城门，其中三座布置在南侧的宫墙。避暑山庄的宫墙形象是有别于其他皇家园林的，它仿佛是把边疆的关隘搬移到山庄。这种宫墙的形式，不仅有利于山庄的防御，同时也拉近了边关各部落首领与中央政权的关系。

　　避暑山庄 80% 的用地是山地，平坦地带仅占 20%（图 10-45）。虽然平坦地面所占的比例不大，但因为有热河泉水的积聚，平地内又拥有诸多水面。因为山庄西北方向的地势较

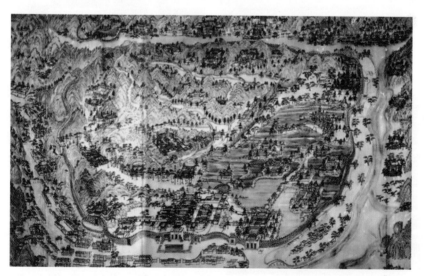

图 10-45　清朝乾隆时期所绘制的《避暑山庄全图》（北京图书馆）
图片来源：地图的历史⑥｜游走在制图学与山水画之间的中国传统地图
https://baijiahao.baidu.com/s? id=1676142538257692796&wfr=spider&for=pc

高，所以湖泊主要集中在东南一侧。避暑山庄的湖面被堤岸、小岛等分割成若干片区（图10-46、图10-47、图10-48、图10-49），这也就为营造江南水景创造了条件，"芝径云堤""文园狮子林"……无不源自江南胜景。

图 10-46　避暑山庄的湖面堤岸（一）

图 10-47　避暑山庄的湖面堤岸（二）

图 10-48　避暑山庄的湖面堤岸（三）

图 10-49　避暑山庄的湖面堤岸（四）

图 10-50　避暑山庄内古树参天

避暑山庄的山地面积广阔，松云峡中古树参天（图10-50）、榛子峪里松柏成林、梨树峪内梨花飘香……其间的建筑则多以小巧为特色，布置在起伏曲折的山林之间，趣味无限。

山庄外围东北方向的"外八庙"，分别仿建蒙、藏庙宇，形体壮观而又各具特色（图10-51、图10-52、图10-53、图10-54、图10-55、图10-56、图10-57、图10-58），其色彩、形体都以借景的形式作用于山庄（图10-59），使山庄的景致大为增色。

图 10-51　外八庙建筑(一)

图 10-52　外八庙建筑(二)

图 10-53　外八庙建筑(三)

图 10-54　外八庙建筑(四)

图 10-55　外八庙建筑(五)

图 10-56　外八庙建筑(六)

图 10-57 外八庙建筑(七)

图 10-58 外八庙建筑(八)

图 10-59 通过借景作用于避暑山庄的外八庙建筑

承德避暑山庄从康熙四十二年(公元 1703 年)开始选址建设,历经康熙、雍正、乾隆等三代皇帝共约 89 年,于乾隆五十七年(公元 1792 年)完成全部主体项目的建设。避暑山庄是东方园林的典型代表,也是世界皇家园林体系中的璀璨明珠。避暑山庄是举全国之力而建,中国传统园林北雄、南秀的特色,在这里得到融合。山庄外围的寺庙建筑群——外八庙,除了体现出汉、蒙、藏各族的文化特色外,更重要的是表达出各族人民

在中央政权统领下的团结。

05

江南古典私家园林——留园

留园最初被称作"东园",它的第一代园主是万历八年(公元 1581 年)的进士徐泰时。徐泰时曾官拜太仆寺少卿,他生性耿介却遭同僚弹劾,在万历十七年(公元 1589 年)被旨令"回籍听勘"。从此,徐泰时挂靴返乡,重新打理起自己的祖业旧宅。明朝范允临写有

《明太仆寺少卿舆浦徐公暨元配董怡人行状》，文中说徐泰时"归而一切不问户外，益治园圃，"也就是对东园初建情形的描述。到了清朝，顾震涛撰有《吴门表隐》，其中有"阊门下塘江西会馆、陶家池、花埠、十房庄、六房庄、桃花敦皆明尚宝徐履详宅"的记载，说明徐履祥拥有许多房产，其中有一处被称作"花埠"。"花埠"的字面含义是装卸花草的码头，这与东园紧邻的山塘河段是一个码头的环境相匹配。徐泰时是徐履祥的第三个儿子，从范允临行文中的"益治"一词，我们可以判断：东园应是在徐履祥"花埠"的基础上进行的建设。

徐泰时去世后，其独子徐溶继承此园。据《明史·阉党传》中"故天下风靡，章奏无巨细，辄颂忠贤。……廷臣若尚书邵辅忠、李养德……郭希禹、徐溶辈，佞词累续，不顾羞耻"的记载，徐溶应曾攀附于魏忠贤，而这种经历，势必会影响到徐溶在崇祯皇帝即位后的命运。因此，东园在这个时段走向衰落也就成了必然。

徐氏家族败落后，东园几易其主。乾隆五十九年（公元 1794 年），刘恕以园主的身份对留园进行改扩建。嘉庆三年（公元 1798 年），改造后的留园更名为"寒碧山庄"，所辖区域为现在留园的中部地区，其大略格局一直维系到今天。因为这时的园主人是刘恕，所以民间又习惯性称此园林为"刘园"。同治十二年（公元 1873 年），"刘园"再次易主为常州盛康。留园在新任主人的主持下进行了扩建，其面积也扩容到 27000 平方米。这个阶段的"刘园"又添置了部分建筑，整个工程持续了大约 3 年，于光绪二年（公元 1876 年）大体完工。建造完成后，此园林正式取名"留园"，园内景致在此时也达到了空前的兴盛。在随后的日子里，留园经历了辛亥革命、抗日战争等多次战争，园内景观受到较大的破坏。1953年，苏州人民政府请专家参与，并拨入专款对留园进行修复，使留园基本恢复了其鼎盛时期的大体风采。

留园的景致大体可分为四个部分，分别是东区、北区、西区和中区，四个部分分别以云墙、建筑等巧妙划分。留园中区的历史最为悠久，它是徐氏东园、刘氏寒碧山庄直接的传承，是园中最为精华的部分（图 10-60）。而留园的东区、北区和西区，则都是在清朝晚期陆续添置而成。

在留园的中区，其西北的景色主要是效仿自然风貌，以山石林木作为主体，层峦叠嶂，古树参天（图 10-61）；

图 10-60　江苏苏州留园中部池塘

而在中区的东南端，则致力于打造人文气息（图 10-62），以建筑庭院为主要内容，重楼叠

图 10-61　留园中部古树参天

图 10-62　留园中的园林建筑

图 10-63　留园中的冠云峰

屋，高低错落。留园中区的中部布置有一块水域，水体被小蓬莱（小岛）和廊桥巧妙地界分成了大小两个部分。西南端的水面开阔疏朗、波光灵动，加上临界规整而平直岸线，宛若一汪宁静的港湾；东北部的水面紧凑而幽闭，配上东侧崎岖的泊岸以及陆上清风池馆、濠濮亭等两栋建筑，形成一个雅致的去处。两片水域彼此相异，而又各具特色。在留园的中部，无论是其东北与西南的水景，还是其西北与东南的陆地，都构成了彼此相异而又相映成趣的对话，鬼斧神工与精工细作在这里巧妙相逢，确实是江南园林的经典之处。

留园东区以石峰为核心，这里也是江南园林中用石最集中的一处布景。留园东部的冠云峰是苏州园林中尺度最大的一座湖石，在其两侧用瑞云、岫云等两块石峰作为陪衬，形成著名的"留园三峰"（图 10-63）。在冠云峰东部，设有一座冠云楼，它既是秀石冠云峰的观望背景与屏障，又是一座可登高远眺的楼阁，在此凭栏外望，园外的虎丘应景入园，展现了中国传统园林中借景手法的巧妙。就整体而言，留园东区是以建筑而取胜的，其间楼、阁、馆、斋以曲院回廊相环绕，配上巧妙布置其间的假山秀石，为其展开各类活动创造良好的环境条件。

留园的西区，有全园最高的假山。在这里放眼望去，亦可将虎丘等园外景致借景到园内。每当秋季来临，植于山丘上的银杏、青枫为这里带来别样的生机，云墙、枫林在这里塑造出纵深方向的层次，营造一个令人陶醉的江南佳境。

留园的北区，着重于塑造田园风光，其间布置有盆景园。

留园最为突出的特色，莫过于其建筑空间的表达。无论是从鹤所入园，或是从园门进入，都是以"欲扬先抑"的空间手法对游览路线进行塑造，通过明暗、虚实、高低、动静的空间处理，创造出游园过程中的时空变化。

留园的四区各有特色（图 10-64、图 10-65、图 10-66、图 10-67、图 10-68）。东部的庭院、北部的田园、西部的山林、中部的山水，一区一境而各有千秋。能在一个园林中融入如此多的内容，也是从更高层面上反映出了江南园林的以小见大，体现出中国园林的博大精深。

图 10-64　留园（一）

图 10-65　留园（二）

图 10-66　留园(三)

图 10-67　留园(四)

图 10-68　留园(五)

后　记

2001年我的博士生导师刘先觉教授曾经让我担任"外国建筑史"的教学工作，一晃22年过去了，"外国建筑史"是我常年主讲的课程之一，这为本书的出版奠定了一定的基础。在东南大学攻读博士学位时期刘老师给我的一本《中外建筑艺术》是我案头常看的一本书。随着时间的推移，我也渐渐认识到建筑艺术的传播比教授专业的建筑历史知识显得更加迫切和必要。这是我们团队教授"西方建筑艺术""中外建筑艺术与环境美学"两门武汉大学通识课程的初心。本书是我们团队集体完成的结果，其中文中的插图经过多名研究生、本科生合力绘制完成。另外许多好友也为本书提供了高清的照片，保证了本书的照片版权。

第一讲文字部分由童乔慧完成，部分插图由张晨雨、乔桥绘制，照片由孙昕勇提供。

第二讲文字部分由童乔慧完成，部分插图由乔桥绘制，照片由孙昕勇提供。

第三讲文字部分由童乔慧完成，部分插图由乔桥、吴欣彦绘制，照片由阮菁萍、刘浩瞳提供。

第四讲文字部分由童乔慧完成，部分插图由刘嘉颖、张晨雨绘制，照片由童乔慧、阮菁萍、刘浩瞳提供。

第五讲文字部分由童乔慧完成，部分插图由丁雨林、乔桥绘制，照片由童乔慧、刘浩瞳提供。

第六讲文字部分由童乔慧完成，部分插图由刘嘉颖绘制，照片由刘浩瞳、陈琼提供。

第七讲文字部分由童乔慧完成，部分插图由尼力娜尔·阿依恒绘制，照片由童乔慧、刘浩瞳提供。

第八讲文字部分由庞辉完成，部分插图由丁雨林、乔桥、尼力娜尔·阿依恒、刘嘉颖、吴欣彦绘制，照片由庞辉、庞欣然提供。

第九讲文字部分由庞辉完成，部分插图由丁雨林、乔桥、尼力娜尔·阿依恒、刘嘉颖、吴欣彦绘制，照片由庞辉、李旋、塔林夫、庞欣然、郑建沄提供。

第十讲文字部分由庞辉完成，部分插图由丁雨林、乔桥、尼力娜尔·阿依恒、刘嘉颖、吴欣彦绘制，照片由庞辉、李旋、张婷、楚超超提供。

感谢武汉大学出版社郭静编辑对本书的耐心指导。

本书内容写作过程中受到湖北省重点研发计划项目《基于红色基因传承的湖北省校园文化遗产数字信息平台构建与创意展示系统研究》(项目号：2023BAB023)的支持。

此书部分内容和章节是在我父亲的病榻前完成，感恩父母对我无私的付出和包容，让我成为更好的自己。谨以此书献给已经远行的父亲。

童乔慧

2023 年 12 月 6 日

新时代大学美育创新系列教材

（丛书主编：易栋）

《大学音乐十讲》

《中外建筑艺术十讲》

《中国新诗十讲》

《西方古典音乐十讲》

《书法素养十讲》

《戏曲通识十讲》

《中外戏剧名作十讲》

《20世纪文学名著十讲》